融媒体版

U0645709

中等职业学校
学生职业素养养成教育系列教材

专业、职业与自我

主　编　黄静梅

副主编　阮李蓓　张向前

编　委（按姓氏首字母汉语拼音排序）

陈　芳　　陈静静　　陈抒墨　　付　波

江东杰　　李　勇　　覃君霞　　邱新越

屈　军　　王冬梅　　王　荟　　吴　娟

叶丰平　　易　娜　　周　岚　　周德春

邹建军

配　图　先帷帷

北京师范大学出版集团
BEIJING NORMAL UNIVERSITY PUBLISHING GROUP
北京师范大学出版社

图书在版编目（CIP）数据

专业、职业与自我/黄静梅主编．—北京：北京
师范大学出版社，2021.2
中等职业学校学生职业素养养成教育系列教材
ISBN 978-7-303-26384-4

Ⅰ．①专…　Ⅱ．①黄…　Ⅲ．①职业道德－中等专业学
校－教材　Ⅳ．①B822.9

中国版本图书馆CIP数据核字（2020）第188018号

营　销　中　心　电　话　　010-58802755　58801876
北师大出版社职业教育分社网　http：//zjfs.bnup.com
电　子　信　箱　　　　　　　zhijiao@bnupg.com

出版发行：北京师范大学出版社　www.bnupg.com
　　　　　北京市西城区新街口外大街12-3号
　　　　　邮政编码：100088
印　　刷：天津市宝文印务有限公司
经　　销：全国新华书店
开　　本：787 mm×1092 mm　1/16
印　　张：10
字　　数：160千字
版　　次：2021年2月第1版
印　　次：2021年2月第1次印刷
定　　价：35.00元

策划编辑：鲁晓双　　　　　　责任编辑：杨磊磊　尚俊侠
美术编辑：焦　丽　　　　　　装帧设计：李尘工作室
责任校对：康　悦　　　　　　责任印制：陈　涛

PREFACE 前言

在教学实践中，我们经常会遇到这样的现象：如果学生了解所学专业，并希望今后从事与专业相关的职业，那么他们通常学习认真努力；如果学生对所学专业不了解或不感兴趣，那么即使在老师的严格要求下，也难以取得比较好的学习成效；实习或参加工作的学生往往变得越来越爱学习，常常主动联系老师咨询与专业相关的问题，收集学习资料，因为学生在走上工作岗位后，明确了职业发展方向，认识到只有尽快学习和掌握更多的知识技能，才能胜任工作并获得长远发展。

2018年4月，教育部印发了《中等职业学校职业指导工作规定》，明确提出要"帮助学生认识自我，了解社会，了解专业和职业，增强职业意识，树立正确的职业观和职业理想，增强学生提高职业素养的自觉性，培育职业精神；引导学生选择职业、规划职业，提高求职择业过程中的抗挫折能力和职业转换的适应能力，更好地适应和融入社会"。2019年6月，《教育部关于职业院校专业人才培养方案制订与实施工作的指导意见》要求"强化学生职业素养养成和专业技术积累，将专业精神、职业精神和工匠精神融入人才培养全过程"。

本套教材紧紧围绕中等职业学校学生职业素养养成的三大板块：专业、职业与自我，能力、素养与行动，择业、就业与创业，通过"职场启迪堂"（哲理、寓言等故事导入），"职场加油站"（主要概念等知识呈现），"职场活动亭"（游戏、讨论、案例、情景等活动体验），"职场放松屋"（故事、典故、笑话、名言、歌曲等内容深化），"职场通关廊"（任务、检测、作业等内容强化），"职场心愿树"（自我评价、心语心愿等情感激发），"职场拾贝苑"（反思总结等成长记录）等栏目的设计与呈现，力求符合中职学生的认知特点、激发中职学生的学习兴趣，并形成如下特点。

第一，在内容上尊重规律，"供""需"平衡。以中职学生入校后的认知发展阶段历程及职业化的过程规律为主线，以各个阶段职业化的核心任务作为主要内容，让教材内容的"供"与学生职业化过程的"需"之间在时间上对应，利于激发学生学习的内驱力。

第二，在形式上以生为本，深入浅出。突出"三化"：结构化、活动化、图示化。用清晰、固定的结构，用丰富、多样的活动，用直观易懂的图示，深入浅出，便于学生接纳、参与和理解。

第三，在环节上完整闭环，外育内省。每个专题包括"导入—知识点呈现—活动体验—通关检测—反思升华"等环节，形成动机激发—学习—评价—产生成效的完整闭环。每个环节不仅致力于引导学生学习，更致力于促进学生自我发现与内省，润物无声。

第四，在资源上创新变革，活用资源。一是运用大量具有代表性和启迪性的哲理、寓言故事、游戏等资源让不同专业的师生都能产生普遍认同及共鸣；二是采用扫码方式，为师生提供可动态更新的图文与音视频资料，拓展了教材的容量。

第五，在方法上任务驱动，自主探究。借鉴专业教学中的项目化教学，一个专题为一个项目，实施的过程注重任务驱动、自主探究。改变学生的学习方式，能较好地激发学生学习的内动力，促进知行合一，提升学习成效。

本套教材于学生而言，为中职学校学生培养职业意识、职业精神、职业态度、职业素养，构建起了专门化、系统化、渐进化的目标、内容、方法、程序、资源体系；于教师而言，为中职学校教师有效开展专门化、系统化、渐进化职业指导工作，提供了目标、内容、方法、程序、资源体系。

本套教材在编写过程中，参考了许多专家学者的专著、教材、论文，同时在网络上浏览了大量信息，丰富了教材内容，激发了编写灵感。在此，向他们表示感谢。由于编者水平有限，书中难免存在遗憾之处，竭诚希望各位专家和广大师生提出宝贵意见和建议，我们将不断改进和完善。

编　者

CONTENTS 目录

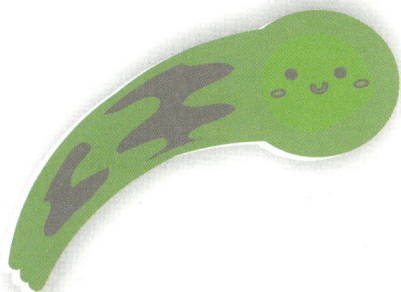

第一单元 >> 认识专业

职场启迪堂 »

康肃公陈尧咨善于射箭，几乎百发百中，他也凭着这种本领而自夸。有一次，他在射箭场练习射箭，有个卖油的老翁路过，放下担子，站在那里斜着眼睛看着他，很久都没有离开。老翁看他射十支箭中了八九支，但也只是微微点点头。陈尧咨问卖油翁："你也懂得射箭吗？我的箭法不是很高明吗？"卖油翁说："没有别的奥妙，不过是手法熟练罢了。"陈尧咨听后气愤地说："你怎么敢轻视我射箭的本领？"卖油翁说："凭我倒油的经验就可以懂得这个道理。"于是，他拿出一个葫芦放在地上，把一枚铜钱盖在葫芦口上，慢慢地用油勺舀油注入葫芦里，油从钱孔注入，而钱却没有湿。老翁说："我也没有别的奥妙，只不过是手法熟练罢了。"

——摘编自高考引擎编委会主编：《高中生涯规划》，成都，电子科技大学出版社，2016。

陈尧咨花了大量的时间练习射箭，因而对自己的射箭技艺非常有信心。卖油翁能够轻易地将油通过铜钱倒入葫芦，也是凭借数十年的练习。这就是"专业"——专心修习一门技艺，终将达到炉火纯青的地步。同样，作为中职生的我们，每个人都有属于自己的专业，只要我们用心学习专业知识和技能，就一定能闯出属于自己的一片天。

职场加油站 »

• 专业的由来

元嘉十五年（438年），南朝宋文帝在京师（今江苏南京）开设四学馆，由雷次宗主持"儒学馆"，何承天主持"史学馆"，何尚之主持"玄学馆"，谢元主持"文学馆"。四馆各就专业招收生徒，从事研究。这是中国古代设置专科学校的先例，从而出现"专业"的说法。

• 专业的含义

《教育大辞典》中，专业一词有两大词性。一是名词性，可以指专门从事某种学业或职业；高等学校或中等专业学校所分的学业门类；产业部门的各业务部分。二是形容词性，形容在某个领域或岗位拥有系统的知识、丰富的经验和技巧。

生活中，名词性专业也有广义和狭义之分。广义的专业指专门职业，是指一群人经过专门教育或训练，具有较高深和独特的专门知识与技术，按照一定专业标准进行专门化的处理活动，从而解决人生和社会问题，促进社会进步并获得相应报酬待遇和社会地位的专门职业。狭义的专业是指高等学校或中等专业学校根据社会专业分工的需要所分的学业类别。

◆ 专业的分类

我国《中等职业学校专业目录》将中等职业学校专业分成加工制造类、交通运输类、信息技术类、财经商贸类等 18 个专业大类，共计 300 多个专业。其中，18 个专业大类包括 01 农业牧渔类，02 资源环境类，03 能源与新能源类，04 土木水利类，05 加工制造类，06 石油化工类，07 轻纺食品类，08 交通运输类，09 信息技术类，10 医药卫生类，11 生活服务类，12 财经商贸类，13 旅游服务类，14 文化艺术类，15 体育与健身，16 教育类，17 司法服务类，18 公共管理与服务类。

◆ 专业与产业的关系

职业教育致力于服务建设现代化经济体系和实现更高质量和更充分的就业需要，以促进就业和适应产业发展需求为导向，着力培养高素质劳动者和技术、技能人才，为服务现代制造业、现代服务业和现代农业等提供人才支持。因而，职业学校的专业与产业有着紧密的关系。

专业围绕产业而设置。目前，世界各国普遍将产业划分为第一产业、第二产业和第三产业。第一产业是产品直接取自自然界的部门，包括农业、畜牧业、林业、渔业和狩猎业等；第二产业是对初级产品进行再加工的部门，包括采矿业、制造业、建筑业等；第三产业是为生产和消费提供各种服务的部门，包括批发和零售业，交通运输、装卸搬运和仓储业和邮政业，住宿和餐饮业，信息传输、软件和信息技术服务业，金融业，房地产业，租赁和商务服务业，科学研究和技术服务业，水利、环境和公共设施管理业，居民服务、修理和其他服务业，教育，卫生和社会工作，文化、体育和娱乐业，公共管理、社会保障和社会组织，国际组织，以及农、林、牧、渔业中的农、林、牧、渔专业及辅助性活动，开采专业及辅助性活动等。不难看出，中等职业学校 18 个专业大类的设置和三大产业密切相关。

专业随产业变化而变化。改革开放以来，我国三大产业在国内生产总值（GDP）中的比例关系发生了较大变化，第一产业与第三产业呈现"剪刀式"对称消长态势，第三产业逐渐取代了第二产业在国民经济中的主导地位，同时随着科技进步和产业融合，出现了一些过去没有的战略性新兴产业。职业学校开设专业的门类和比重也发生了相应变化，逐渐由与第一产业所对应的专业向与第二、第三产业对应的专业调整，曾经的一些热门专业成为限制类、淘汰类专业，同时还新增了大量与战略性新兴产业对应的专业。

❱ 专业学习的特点和意义

专业学习是为将来从事某一职业做准备的。可以说，专业学习是我们打开职场大门的一把金钥匙。

首先，专业学习能让我们掌握专门领域的知识和技能，具有更强的专业性。在工作岗位上，如果没有一定的专业知识、专业技能，不具备从业所必需的本领，就无法履行岗位职责。这就像司机不会开车，教师不会讲课，护士不会打针一样。

其次，专业学习能让我们掌握系统的专业知识和技能，具有更强的系统性。职业学校的专业学习不同于短期培训，它更具有系统性和完整性。在几年的时间里，通过持续而又系统的学习，可以让我们形成更为扎实和完整的专业知识和技能体系，在就业竞争中更具优势。

最后，专业学习能让我们积淀可持续发展的能力和素养，具有更强的发展性。职业学校的专业学习不仅要学习某一个或几个职业岗位所需要的技能，也要培养思想政治素质、科学文化素养等，这让我们具有更强的综合素质和可持续发展的能力。

❱ 专业选择与个人发展

对于大多数人来说，学校所学的专业知识和技能是就业所需知识技能的基础。从学业或者就业的角度来说，没有绝对的好专业，也没有绝对的坏专业。一是没有最好的专业，只有适合的专业。每个人都有自己的禀赋特点、性格爱好，这在一定程度上决定着每个人适合学习不同的专业、从事不同的职业。二是三百六十行，行行出状元。每个专业及行业职业都有佼佼者，能否脱颖而出，不全在于专业及行业职业的优劣，更多的在于每个人的努力和付出。因此，选定了专业，无须抱怨和嗟叹，只要集中精力把所选专业学好、学精并付诸实践，那么，无论什么专业都会有一个美好的前程。

职场活动亭

聊一聊

1. 你小时候期望从事的职业是什么？
2. 进入中职学校前，你觉得自己以后的职业是什么？
3. 中职学校与初中最大的区别就在于分专业学习，你知道什么是专业吗？
4. 你为什么选择现在的专业？
5. 你知道中等职业学校的专业是怎么产生的吗？

测一测

试试能否准确写出自己专业的名称、所属专业大类，以及专业所属产业。如果有困难，可以到"职场加油站"了解相关知识。

专业名称	
专业类别	
专业所属产业	

辩一辩

两个初中同学周末约在一起聊天。

A 同学："我已经没有读书了，现在在一家奶茶店当营业员，收入还可以。你呢？"

B 同学："我现在在一所中职学校读书，学酒店管理。"

A 同学："酒店管理？那不就是当服务员吗？这又不难，干嘛还要读书？直接去培训几天就可以了！"

B 同学："我觉得做事就要做得专业，只有专业学习才能让自己成长得更好，才有后劲儿！"

1. 对于 A 同学和 B 同学的观点你赞同哪种，为什么？

2. 全班成员表达各自观点，分成 A 方和 B 方，展开辩论。

读一读

1. 阅读"职场放松屋"的"厨师的待遇"，说说厨师薪资不同的主要原因是什么？

2. 结合辩论观点，你认为为什么要进行专业学习？专业学习对我们来说具有怎样的价值和意义？

谈一谈

1. 你喜欢自己的专业吗？

2. 你觉得自己的专业是一个好专业吗？什么专业是你心目中的好专业？为什么？

3. 你觉得专业有好坏之分吗？如果有，判断专业好坏的标准和依据是什么？

4. 你是怎么看待自己的专业的？你打算用什么样的心态和行为来开启自己的专业学习之旅？

5. 你所学的专业，有可能成就你成为一个杰出人才吗？

析一析

"行行出状元"出自明朝冯惟敏《玉抱肚·赠赵今燕》，意思是每种职业都可出杰出人才。

1. 请到"职场通关廊"阅读"冠军之路"的案例，完成相关分析。

2. 阅读"职场放松屋"中"人生的选择"故事，并分析一下面对专业学习，你打算怎样成就自己？

职场放松屋 »

❖ 厨师的待遇

在香港、澳门，星级厨师的月薪平均达到了 1.5 万元人民币；在北上广等城市，厨师的月薪平均在 7500 元人民币左右；在成都、西安、合肥等地，一位稍有资历的厨师平均工资也能达到 5500 元人民币左右。在普通厨师之上，更有不同等级的高级厨师，像主厨、厨师长、行政总厨等，其薪资水平往往月薪过万元人民币，甚至年薪数十万元至百万元人民币，属于高收入技术人才。这些厨师都具有过硬的专业知识、技能和素养。

同样是后厨人员，传菜生、服务员工资为 2500～2800 元人民币，一般的个体小吃店的捞面师傅或厨师工资在 2500～3000 元人民币。他们与星级厨师的区别在于缺少专业的知识与技能，岗位不具有不可替代性。

——根据相关招聘信息进行整理改编

❖ 人生的选择

有一个男孩，从小在父母的关爱下成长。男孩的父母都希望自己的儿子将来能成为一位体面的医生。可是，男孩读到高中时，被计算机迷住了，整天玩着一台旧计算机，不断地把计算机的主机板拆下又装上，乐此不疲。

男孩的父母见了很担心，也很伤心。他们苦口婆心地告诉他："你应该用功念书，否则根本无法立足于社会。"

男孩的内心非常痛苦。他既不愿意放弃自己的兴趣，也不愿意让父母难过。最后，他按照父母的愿望考上了一所医科大学。可是，他始终对计算机很感兴趣。第一个学期快要结束的时候，他毅然决然地告诉父母他要退学，父母苦劝无效，只好同意。

男孩后来成立了自己的计算机公司，打出了自己的品牌。他就是美国戴尔公司总裁迈克尔·戴尔。

——摘编自李远峰、张燕编著：《小故事大道理》，沈阳，万卷出版公司，2008。

职场通关廊 >>

冠军之路

每两年举办一届的世界技能大赛（以下简称"世赛"）被称为"世界技能奥林匹克"。

这是第 45 届世赛的颁奖典礼。这的确是个"疯狂"的夜晚，也是属于技能人才的荣光时刻，四面八方的掌声涌向他们，灯光、镜头追逐着他们。中国代表团 63 名参赛选手参加运输与物流、结构与建筑技术、制造与工程技术、信息与通信技术、创意艺术与时尚、社会与个人服务六大领域全部 56 个项目的比赛，从领奖台捧回 16 金 14 银 5 铜和 17 个优胜奖，让中国再登世赛金牌榜、奖牌榜和团体总分榜榜首。

代表中国出征本届世赛的选手绝大多数为"95 后"，平均年龄仅 21 岁，多是技工院校的老师、学生、一些企业的在职员工。在此之前，他们是扔进人群就找不到的"无名之辈"。再往前，他们有的是被"考试系统"淘汰的"后进生"，有的是来自偏远地区的"农村娃"……如今，能站在世界级竞赛的领奖台上，这期间路途漫漫，长达 2 年、4 年或更久。获得金牌的徐澳门、赵脯菠、陈子烽等名列其中。

陈子烽是一名砌筑项目参赛选手。他之前跟着邻居学做手机生意，想在社会上闯荡出一片天地。后来，他重返校园，来到广州市建筑工程职业学校想学习更多知识和技能。学习期间，学校突然掀起了一股世赛冠军热潮，因为他的师兄梁智滨成为第 44 届世赛砌筑项目的冠军。

直至此时，陈子烽才知道，"原来还有这样一个比赛"！在老师的鼓励下，他也去报名，没想到学校里的 3 个报名群都显示已满 100 人，差点没挤进去。

在广州市建筑工程职业学校的实训场上，站满了报名参加第 45 届世赛学校选拔的学生。陈子烽也数不清到底有多少人，只记得签了到，老师就让大家把实训场里面的一堆砖搬到外面去。但一听说要搬砖，很多学生扭头走了。

第二天，实训场只剩 60 多个人，开始练习铲灰、铺灰、带灰等基本动作。在此之前，从未碰过砂浆、砖块的陈子烽也从零开始学起砌筑。很多人可能觉得，砌筑不就是垒墙吗？但世赛中要垒的是"艺术墙"，包括识图、放样、切割、抹灰、勾缝、调整、清洁等步骤在内，选手需要在平均 132 秒内铺完一块砖，其中，尺寸测量、垂直测量、水平测量、平整度测量、角度和细节测量的误差均不允许超过 1 毫米。

差不多每一两个星期，学校就进行一轮淘汰赛。每轮淘汰赛前都是陈子烽最紧张的时候，前一晚就开始画图纸，记住比赛时的关键尺寸，计划第二天的步骤。两个月下来，60 多人变成了 12 人；一个学期后，12 人变成了 2 人。陈子烽便是其中一位，并拿到了参加全省选拔赛的入场券。

参加世赛的过程中，如果说在前两天的比赛中陈子烽算正常发挥的话，那第三天的他简直是"开挂"了。比赛要求在 4 天 22 小时内完成大体形状为"Russia"的艺术墙砌筑。第一天比赛完，选手之间还看不出太大区别，但第二天比赛结束后，陈子烽发现这次的夺金劲敌奥地利选手已远超自己的进度，且做得相当整洁、美观。他突然有了压力，第三天比赛时，陈子烽就开始加快速度，搬砖、抹灰、调精度、勾灰缝、清洁墙面，最后两小时一口气砌了 148 块砖，平均约 48 秒一块。陈子烽自己都有点吃惊，在平时训练中自己砌一块平均需 120 秒。

很多人问他反超制胜的绝招是什么，平静下来想，陈子烽觉得其实这项技能没有绝招，有的只是无数次的苦练和刻苦的学习。如果再加一条的话，那就是坚持。

——摘编自孙庆玲、康玺：《一条通往"世界技能奥林匹克"的冠军之路》，载《中国青年报》，2019（06）。

1. 参加第 45 届世界技能大赛的 63 名中国选手曾经有着怎样平凡的背景、起点和经历？

2. 他们是怎样过五关斩六将，从校、市、省、国家一步步迈进世赛赛场的？同样一起准备参赛的成千上万同学为什么没能如愿？是什么阻碍了他们成就自我的步伐？

3. 通过这些选手的故事，你认为他们在选择了自己的专业后，是如何坚持自己的选择的？他们是如何让自己的选择成就自己的美好未来的？

4. 了解了他们的故事后，你怎么看待自己的专业？你打算用什么样的心态和行为来开启自己的专业学习之旅？

🌲 **职场心·愿树** >>

亲爱的同学，你喜欢你选择的专业吗？努力写出你喜欢它的理由——爱我所选！

🐚 **职场拾贝苑** >>

亲爱的同学，请将你在本节课学习、活动中的收获、体会和成长记录下来吧！

收获：_____

_____

体会：_____

_____

成长：_____

_____

职场启迪堂 ≫

一天，毛驴和白马结伴到山区去。在平川大道上，白马扬起尾巴，奋起四蹄，不一会儿就把毛驴甩到了后边。白马转过头来看了看毛驴，见它摇着两只大耳朵，不紧不慢地走着，非常着急，便朝毛驴大叫起来："喂，怎么不把脚步迈得紧一点儿？看你那慢吞吞的样子，我们什么时候才能到达目的地呢？你这黑驴子，真是个庸才！"

毛驴听了白马的训斥，一不生气，二不泄气，仍然一步一步地向前走着。

毛驴和白马进入山区后，山路变得又陡又窄，崎岖不平，白马的速度不知不觉地慢了下来，身上的汗水像刚洗过澡似的。毛驴却加快了步伐，嗒嗒嗒地赶到了前面。

白马看毛驴走羊肠小路很轻松，便不解地问："黑毛驴，你为什么走起山路来比我快呢？"

毛驴回答说："因为术有专攻，各有所用。在一定条件下落后的，并不都是庸才啊！"

——摘编自庄长宽主编：《感动小学生的 128 个智慧故事（精华版）》，延吉，延边大学出版社，2011。

无论是"毛驴"还是"白马"，都术有专攻，各有所长。只要在合适的地方，就可以发挥自己的特长。专业亦是如此，只要我们踏踏实实地学好专业知识，掌握专业技能，努力练就一技之长，就能在对应的行业立足成长，奋蹄起航。

职场加油站 ⟫

● 了解专业的基本内容

一般情况下，对专业的基本了解主要是从这几个方面进行：专业（技能）方向、专业对应职业（岗位）、专业人才培养目标、专业人才培养规格（职业素养及专业知识技能）、专业课程、专业可取得的职业资格证书和升学可继续学习专业等方面。

这些内容之间是互相联系的。不同的专业（技能）方向对应不同的职业（岗位），不同的职业（岗位）岗位有着不同的典型工作任务，不同的典型工作任务要求不同的职业素养及专业知识技能，因而不同专业有着不同的人才培养目标，要达到相应的目标和规格，就需要学习不同的专业课程，考取相应的职业资格证书，为就业或继续学习奠定坚实基础。

了解专业的意义

全面认知，明晰方向。 通过对专业基本内容的了解，形成对相应专业框架的系统认知，明确专业学习和学科学习的不同，有助于明确学习方向与目标。

厘清关系，找准着力点。 厘清专业各基本内容之间的内在逻辑关系，了解职业要求与专业课程学习和未来发展之间的关系，有助于尽快进入专业学习状态，找准着力点。

职场活动亭 ≫

玩一玩

唐僧师徒四人取经归来后，准备各自找一份工作。他们来到一家人力资源公司，公司现有四个待招聘岗位，分别是糖果品尝师、大堡礁管理员、讲师、水滑道测试员。怎么安排唐僧师徒的工作更合适呢？

主题：唐僧师徒岗位配

方式：4～6人为一个小组，讨论完成下面连线。

糖果品尝师	唐 僧
大堡礁管理员	孙悟空
讲 师	猪八戒
水滑道测试员	沙 僧

分享：介绍小组连线的结果，分析在匹配岗位时考虑了哪些因素？为什么要考虑这些因素？

回溯：回忆讨论的过程是否考虑了以下因素，将分析过程的要素补充填写在表格中。

1. 分析 4 个岗位特点

岗位名称	主要的岗位任务	应具备的岗位技能
糖果品尝师		
大堡礁管理员		
讲　师		
水滑道测试员		

2. 分析唐僧师徒四人的擅长领域

人员	擅长领域
唐　僧	
孙悟空	
猪八戒	
沙　僧	

填一填

你的专业对应的职业（岗位）有哪些？这些职业（岗位）对知识、技能等有怎样的要求？

请扫描二维码，在教育部《中等职业学校专业目录》和《中等职业学校专业教学标准》中搜索到自己的专业，仔细阅读专业目录中的相关内容，将获得的关键信息进行整理记录。

中等职业学校专业目录　　　　　　中等职业学校专业教学标准

专业名称	
基本学制	
专业（技能）方向	
对应职业（岗位）	
培养目标	
人才规格 （职业素养及 专业知识技能）	
职业资格证书	
继续学习专业	

说一说

1. 填写完表格后，你对自己所选的专业有哪些新的了解和认识？

2. 你发现表格各内容之间有怎样的关系？

3. 这些认识，对你的专业学习之旅有哪些启发？

闯一闯

你打算怎样让自己具有未来职业（岗位）所需的职业素养及专业知识技能？请去"职场通关廊"整理思路并分享吧。

看一看

阅读"职场启迪堂"和"职场放松屋"的故事，谈谈故事给你的启示。

职场放松屋 >>

一位哲学家雇了一艘小船游江，坐在船上与船夫聊天：

"小伙子，你懂哲学吗？"

"先生，我不懂。"

"小伙子，你会数学吗？"

"先生，我不会。"

"小伙子，你都到过哪些地方啊？"

"除了这条江，我从来没去过别的地方。"

哲学家听后摇摇头说："小伙子，你不懂哲学，人生的意义已失去了50%；不会数学，人生的意义失去了20%；哪儿都不去，没见过世面，人生的意义又失去了20%。哎呀，你的人生现在总共失去了90%啊……"

说到这儿，天空忽然飘来大片乌云，随后吹来强风，暴风雨说来就来。船夫紧张地问哲学家："先生，你会游泳吗？"

哲学家愣了，答道："不会，我没学过。"

正说着，一个巨浪把船打翻了，哲学家和船夫都掉到了水里。

当船夫费力地将在水中挣扎着的哲学家救上岸时，哲学家气喘吁吁地说："谢谢你小伙子，要不是你，我的人生就会失去百分之百。"

——摘编自金跃军、李鑫编著：《AQ逆商：逆境赢得成功的46个秘密法则》，北京，中国民族大学出版社，2012。

别人有的，我们未必有；别人没有的，我们可以有。每个人都有其价值和作用。我们要做的就是：学好专业课，拥有专业核心技能，拥有一技之长，掌握核心竞争力，不自卑，不自傲。未来，从现在开始把握！

职场通关廊 »

在基本了解所学专业后，你计划如何让自己具有未来职业（岗位）需要的知识、技能和素养？

知识方面	
技能方面	
素养方面	

🌲 **职场心·愿树** ≫

　　亲爱的同学，你想要让自己在专业学习中掌握什么核心技能，让自己在未来的职业中具有核心竞争力呢？

🐚 **职场拾贝苑** ≫

　　亲爱的同学，请将你在本节课学习、活动中的收获、体会和成长记录下来吧！

收获：_____

_____

体会：_____

_____

成长：_____

_____

职场启迪堂 »

　　苏格拉底是古希腊的大哲学家，一天，有位年青人来拜访他。

　　"先生，我很崇拜学识渊博的您！我也想多掌握些学识，请问怎样我才能学到更多的知识呢？"

　　苏格拉底说："这没什么，只要你努力学习就是了。"

　　"可是我总是学不下去。"

　　"那是你还不知道知识的重要性。"

　　"那么怎样才能知道知识的重要性呢？"

　　"如果你真想知道知识的重要性，请跟我来！"

　　苏格拉底把年青人带到海边和他一起下了水，走到很深地方时，苏格拉底一下子把他的头按到水里去了，一会儿他放开那年青人问道："你在水里感到最需要的是什么？"

　　"空气，最需要的是空气！"

　　苏格拉底笑着说："你说得很对，如果你明白了需要知识和在水中需要空气是同样重要，那你就可以坚持学习，得到知识了。"

　　年青人有所悟，深深地向苏格拉底鞠躬致谢。

　　从此，年青人如饥似渴地学习，日后终于学有所成。

　　——摘编自王洪主编：《高中生名校考点议论文论点·论据·论证大全》，合肥，安徽文艺出版社，2009。

　　苏格拉底说："如果你明白了需要知识和在水中需要空气是同样重要，那你就可以坚持学习，得到知识了。"我们怎样才能学到更多的知识和技能呢？方法只有一个，那就是明白专业学习的重要性。专业学习的重要载体是专业课程，学好专业课程是我们掌握专业知识和技能的重要途径。

职场加油站

课程的含义

课程是指学校学生所应学习的学科总和及其进程与安排。课程是对教育目标、教学内容、教学活动方式的规划和设计，是教学计划、教学大纲等诸多方面实施过程的总和。

课程的结构及分类

课程结构是指课程目标转化为教育成果的纽带，是课程实施活动顺利开展的依据。课程结构是课程各部分的配合和组织，它是课程体系的骨架，主要规定了组成课程体系的学科门类，各学科内容的比例关系，必修课与选修课、分科课程与综合课程的搭配等，体现了一定的课程理念和课程设置的价值取向。

《教育部关于职业院校专业人才培养方案制订与实施工作的指导意见》将课程分为公共基础课程和专业（技能）课程两类。公共基础课包括思想政治、语文、历史、数学、外语（英语等）、信息技术、体育与健康、艺术等必修课程，以及物理、化学、中华优秀传统文化、职业素养等必修课或限定选修课；专业（技能）课程一般按照相应职业岗位（群）的能力要求，确定6~8门专业核心课程和若干门专业课程。

不同学校、不同专业的课程结构略有不同，但都是以职业能力的培养为核心。学生可以通过学习公共基础课和专业技能课来提升职业能力，培养职业素养，为将来的升学和就业打下坚实的基础。

课程设置的意义

职业院校的课程注重传授基础知识与培养专业能力并行，强化学生职业素养养成和专业技术积累，将专业精神、职业精神和工匠精神融入人才培养的全过程；注重学用相长、知行合一，着力培养学生的创新精神和实践能力，增强学生的职业适应能力和可持续发展能力。

增强学生的可持续发展能力。公共基础课程是中等职业学校课程体系的重要组成部分，是培养学生思想政治素质、科学文化素养等的基本途径，对促进学生可持续发展具有重要意义。其中，公共必修课程致力于满足学生全面发展的需要，选修课程致力于满足学生职业发展的需要，任意选修课程致力于满足学生继续学习和个性化发展的需要以及学生多样化需求。随着社会经济的快速发展、产业结构的不断调整及融合发展，职业及岗位也处于不断变化之中，公共基础课程的学习为培养学生继续学习和可持续发展的能力，以及能更好地迎接未来的变化奠定了坚实的基础。

增强学生的职业适应能力。专业（技能）课程设置内容紧密联系生产劳动实际和社会实践，突出应用性和实践性，注重学生职业能力和职业精神的培养。专业（技能）课程的设置致力于让学生把某一类职业的岗位群相对应的相关方向的专业知识和专业技能掌握到位，并能把知识与技能有机地结合起来。其中，专业核心课程的设置致力于让学生掌握必要的专业基本理论、专业知识和专业技能，培养学生分析解决本专业范围内一般实际问题的能力，为专业方向课程的学习奠定基础。专业选修课则扩展了课程的种类与范围，它致力于拓展学科（专业）视野，发展学生的技能、特长。实习实训课程坚持理论与实践相结合，强化校企协同育人，致力于增强学生综合能力，促进学用结合、知行合一。

◆ 课程学习的方法

注重知行合一。职业学校的学习是面向职业的学习，其学习内容与未来将要从事的职业紧密相关，因而在学习过程中要注重将理论和实践相结合，通过实习实训、企业实践及社会实践等活动，主动探寻学习理论与工作之间的联系，做到知行合一。

注重探究合作。有效学习的过程是一个主动探索和创造的过程，学习的过程中要积极参与，主动进行知识建构，发现问题、解决问题，动手、动脑，敢于质疑、勇于创新，学会求知、学会学习；主动与同学交流与合作，共同学习，实现智慧的碰撞和叠加。

善用信息手段。随着信息技术的发展，各种信息技术为我们提供了自主学习的广阔空间，我们应学会运用信息技术手段来查阅资料、收集信息，开展自主学习，这样既可以拓展学习的广度和深度，又有利于满足未来工作生活和终身学习的需求。

职场活动亭 》》

忆一忆

1. 从小学到初中都学习了哪些课程，这些课程对你的成长有什么帮助？

课程名称 　　　　　　　　　　　　　　　课程对你的帮助

2. 现在的课表和初中的课表对比，有什么显著的区别？

析一析

1. 阅读下面的故事。

2013 年对于我来说是一个转折点，那一年我初中毕业，中考成绩不理想，最终选择进入了一所职业中学就读。一直以来对旅行的热忱以及环游世界的梦想，使我成为了一名旅游管理专业的学生。

我怀着憧憬和忐忑走进了校园，开始了职业高中三年的学习生涯。开学的第一天，老师就系统地给我们讲解了旅游专业课程三年的设置和安排。听完之后，我居然不再迷茫了，对未来的学习充满了信心。在职业中学，没有普通高中压得不能喘息的繁重学业，更多的是贴近生活的课程和实践。语文、数学、英语这些公共基础课程一样也没有少，反而更加丰富多彩。我特别喜欢公共艺术课，它拓宽了我的眼界，带我走进了别样的艺术世界。我知道，选择了职业中学，专业课程学习就要多下功夫了，首先一定要把基本功打扎实。礼仪、导游基础知识、旅游地理、旅游概论、导游实务、旅行社业务等这些专业课程每天都安排得满满的；记录笔记、探讨钻研、合作学习、练习巩固，忙得不亦乐乎。两年来，一系列的专业课程让我感到充实又满足，这些都是我必须要学习的知识和技能。我还选修了插花和茶艺这两门选修课。通过选修课的学习，我的业余爱好又广泛了，我的气质也优雅了许多。课余时间，我还主动参加学生会和舞蹈社团，多次代表学校参加各级各类比赛，获得了优异的成绩。

在职业中学在校学习的这两年，我没有因为没考上普高而气馁，进入职业中学后，丰富多彩的课程让我更加确定了我当初的选择是正确的。2015 年，在校两年课程学习完毕后，班上的同学都各奔东西，去了不同的实习单位进行行业实践，我也成功入职了我最想去的旅行社。虽然刚开始实习经历了很多艰辛，但是我也成长得很快。

我第一次值夜班就遇到许多客人订机票。我一面打电话询问前辈，一面回忆着在学校学习的订机票的知识要点，最后，我成功地将客人信息完整录入系统，帮客人订好了机票，手心都捏出汗了。在门店工作期间，我从最开始的小心翼翼到最后的得心应手，得到了公司领导的认可。于是我从门市部被调回公司总部，做了计调中心的省内计调，负责转接所有门市的订单。在工作中，我将在学校课程中学到的知识和技能梳理并运用到自己的工作中，将计调中心的每一个订单都处理得井井有条，让每个旅游团队都满意而归。年终，我还得到了部门领导表扬，被评选为"年度优秀员工"。

如今的我，已经成了一名旅行社的正式员工。回顾三年的职业学校学习之路，感慨颇多。一路走来，我学习了很多。在职业学校里，系统课程让我重新燃起了学习的希望，拓宽了我的眼界，为我第三年的实习打下了坚实的专业基础。两年的在校学习加一年的实习实践，使我顺利地毕业，并找到了一份心仪的工作。我的未来职业之路还很漫长，要学习的知识还有很多，我会一直坚守我的梦想，不断学习，并成就更好的自己。

2. 分析故事的主人公在职业中学就读期间学习了哪些课程？他是怎么学习这些课程的？

问一问

1. 听老师介绍专业人才培养方案中的三年课程设置。

2. 以小组为单位，拟订 5 个关于课程设置意义及学习方法的问题，向老师请教。

3. 到"职场通关廊"，将老师的介绍和请教的结果，做成思维导图，向全班分享。

写一写

学校已经为我们科学地规划了三年的学习课程，只要努力学习这些课程，我们的未来就不是梦。你对什么课程最感兴趣，最想学习什么课程呢？让我们在"职场心愿树"写下来吧。

读一读

阅读"职场启迪堂"和"职场放松屋"的故事，分享对专业学习的启示。

职场放松屋 ≫

◆ 名人读书小故事

鲁迅非常讲究读书方法。他提倡博采众家："书在手头，不管它是什么，总要拿来翻一下，或者看一遍序目，或者读几页内容。"读书有拓宽思路、增长知识等好处。对于较难懂的必读书，鲁迅的看法是硬着头皮读下去，直到读懂钻透为止。鲁迅还提倡在"泛览"的基础上，选择自己喜爱的书深入研究。在研究中，鲁迅主张要独立思考，注意观察与实践相结合，用"自己的眼睛去读世间这一部活书"，"使所读的书活起来"。对于看不懂的地方，鲁迅认为，"若是碰到疑问而只看到那个地方，那么无论到多久都不懂的。所以，跳过去，再向前进，于是连以前的地方都明白了"。鲁迅十分重视运用"剪报"积累材料。他曾说："无论什么事，如果陆续收集资料，积之十年，总可成一学者。"

——摘编自张健主编：《全国中学生最喜欢的精深启智素材》，郑州，文心出版社，2007。

爱因斯坦的成功，与他从小刻苦自学的习惯是分不开的。11 岁时，他就读完了一套通俗科学读物，并对科学开始感兴趣。12 岁时，他又自学了欧几里得几何。此外，和现代的孩子们相比，他特别重视哲学的阅读，13 岁时就开始自学康德的哲学了。他还根据自身的特点、志向和兴趣，把精力集中在物理学的学习上。结果，他在物理学方面果然取得了重大的成就。爱因斯坦在读书学习时不搞不必要的死记硬背，经常和同学在一起讨论，这使他感受到互补的乐趣。

——摘编自武瑞恒主编：《初中三年，高分哪有那么难》，武汉，湖北教育出版社，2015。

数学家华罗庚有一种奇特的读书方法。他拿起一本书，不是从头至尾一句一字地读，而是先对着书名思考片刻，然后闭目静思：设想这样一个题目，如果要让自己来写，应该怎样写……想完后再打开书，如果作者写的和他的思路一样，他就不再读了。一本需要十天半个月才能读完的书，他一两夜就读完了。

——摘编自杨富文主编：《习惯造就自己：好习惯成就好人生》，长春，吉林文史出版社，2012。

苏东坡学识渊博，他有一种"各个击破"的读书法。他认为一本书每读一遍，只要理解和消化一个问题就行了；一遍又一遍地读，就能达到事事精通。一本书的内容是很丰富的，而人的精力有限，不可能一下子全部吸收，只能集中注意力了解某一个方面。比如，如果想探究历代兴亡治乱的原因，那么就从这个角度去读；要探究史实典故，就换另一个角度，再读一遍。这个方法虽有些笨，但这样读过之后，各个方面都经得起考验。

——摘编自张勇耀主编：《中学生议论文论点论据一本全》，西安，陕西师范大学出版总社有限公司，2013。

职场通关廊 》》

任务主题：根据老师讲解的本专业的课程设置以及课程学习的方法，梳理出所学专业完整的"课程结构及学习方法"思维导图。

任务要求：

1. 按6~8人分成小组完成任务。

2. 思维导图核心主题明确，紧紧围绕主题来梳理出三年的课程结构以及对应的学习方法。

3. 参照"职场加油站"中课程结构的分类图延伸出主要的分类主题，再从分类主题中延伸出细分类。专业不同，细分类中的内容就不同。

4. 思维导图设计要充分发挥自己的想象，要结构清晰，内容可用关键词表达。

职场心·愿树 ≫

亲爱的同学，你对什么课程最感兴趣？你想通过这门课程学习什么呢？

职场拾贝苑 >>

亲爱的同学，请将你在本节课学习、活动中的收获、体会和成长记录下来吧！

收获：_____

_____

体会：_____

_____

成长：_____

_____

职场启迪堂 >>

　　两只小老鼠"嗅嗅""匆匆"和两个小矮人"哼哼""唧唧"，他们生活在一个迷宫里，奶酪是他们要追寻的东西。有一天，他们同时发现了一个储量丰富的奶酪仓库，便在其周围构筑起自己的幸福生活。某天，奶酪突然不见了，这个突如其来的变化使他们的心态暴露无疑。老鼠嗅嗅始终保持着警惕，并不安于现状，即使在遍地美味奶酪的环境下，也能时刻注意着微小的变化，并未雨绸缪。老鼠匆匆在奶酪消失后，没有犹豫不决，没有怨天尤人，没有坐以待毙，而是迅速掌握当前情况，快速分析出最佳做法，放弃空空如也的奶酪站，立即行动，开辟新方向，寻找新的食物来源。嗅嗅、匆匆很快就找到了更新鲜、更丰富的奶酪，而两个小矮人哼哼和唧唧，面对变化犹豫不决，烦恼丛生，始终无法接受奶酪已经消失的残酷现实。经过激烈的思想斗争，唧唧终于冲破了思想的束缚，穿上久置不用的跑鞋，重新进入漆黑的迷宫，并最终找到了更多、更好的奶酪，而哼哼却仍在郁郁寡欢、怨天尤人。

——摘编自［美］斯宾塞·约翰逊：《谁动了我的奶酪》，北京，中信出版社，2001。

在社会发展的迷宫中，数不清的因素威胁着"奶酪"的存在和质量，"奶酪"会在将来的某一天冷不丁地远去。今天，我们所学习的专业内容是否能使我们终生应对未来社会的一切变数呢？

为保证我们已有的"奶酪"越变越美味，越变越充足，我们不仅要立足现在，学好当下的知识与本领，更要遥望未来，未雨绸缪，居安思危，为迎接未来社会可能出现的各种剧烈变化做出全面的准备和积极的应对。

职场加油站 >>

未来社会的模样

未来社会可能是什么样呢？很多人都在猜想、预测。雷·库兹维尔是一位发明家、未来学家和作家，他受雇于谷歌"开展涉及机器学习和语言处理的新项目"。雷·库兹维尔的科学预测闻名于世，作为未来学家，其预测准确率达86%，其中一些已经实现。下面是他预测的世界未来的一部分情况：

2020年，电脑将继续变小，形状也会改变。例如，它将成为我们的衣服的一部分。

2025年，无人驾驶的飞行器和汽车将100%由电脑控制。

2027年，精确的人脑计算机建模将成为可能。21世纪20年代末，人造智能将被创造出来，其能力和复杂性可与人脑相媲美。

2029 年，纳米机器将被广泛应用于医学，纳米机器将能够穿透细胞输入营养、消除浪费。因此，传统的饮食过程将变得没有必要。

2030 年，意识上传将成为可能。纳米机器人将被植入脑内，直接与脑细胞相互作用，人脑中的纳米机器将有助于提高认知能力和感觉能力，包括记忆力；人们将能够通过无线网络进行心灵沟通，这将改变人的个性和回忆；"人体 3.0"出现，人类将不会有一个特定的身体形状。人们只要喜欢，就能够改变外表。

·············

——摘编自［美］瑞·库兹韦尔：《奇点临近：一部预测人工智能和科技未来的奇书》，李庆诚、董振华、田源译，北京，机械工业出版社，2011。

➤ 未来社会的特征

从"未来社会的模样"中我们不难看出，对于未来世界，如果用一些关键的、最具有共识性的概念来表征和描述未来社会的特殊，那应该是"智能社会""共享社会""风险社会"这些词语的频率最大。

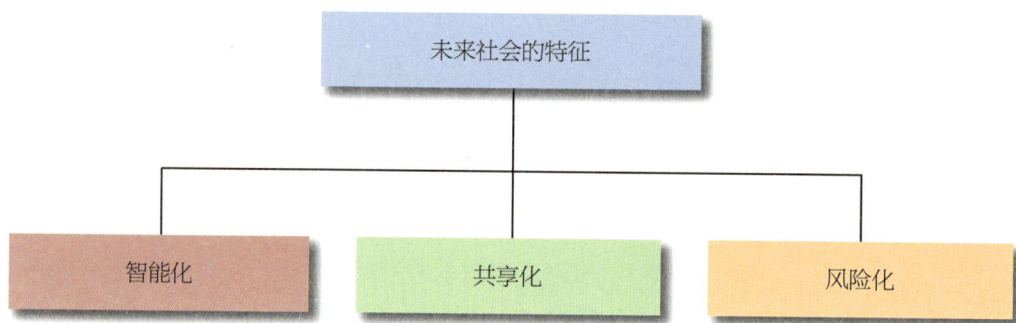

```
            未来社会的特征
    ┌───────────┼───────────┐
  智能化        共享化        风险化
```

图 1-4-1　未来社会的特征

未来社会是智能社会。以互联网、物联网、云计算、大数据、人工智能、区块链为代表的现代信息科学技术，牵引人类社会跨入了智能社会。万物互联、自动化智能系统与人类在社会中共同存在，将是未来人类社会的图景。

未来社会是共享社会。进入 21 世纪以来，现代信息科技创造了数字经济。数字经济是典型的共享经济。数字经济将带上公共服务的色彩，人们不太在意物品的占有权，

而在意其使用权，不求所有，但求所用；数字经济也将是最有效率的经济，各种 APP
（application 的缩写）通过时间、地点、技能的匹配，将物品的使用权分配到最需要它
的地方，使资源的利用率最大化。共享产品、空间、劳务、资金、知识和技能都正在越
来越大程度地普及。如图 1-4-2 所示。

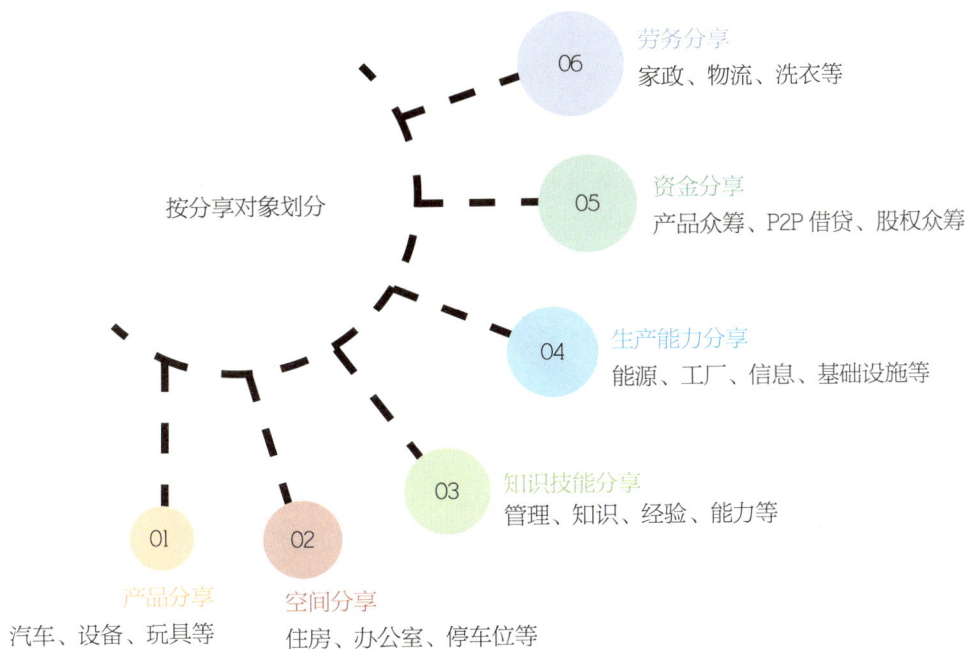

按分享对象划分

06 劳务分享
家政、物流、洗衣等

05 资金分享
产品众筹、P2P 借贷、股权众筹

04 生产能力分享
能源、工厂、信息、基础设施等

03 知识技能分享
管理、知识、经验、能力等

01 产品分享
汽车、设备、玩具等

02 空间分享
住房、办公室、停车位等

图 1-4-2 共享社会划分图

未来社会也是风险社会。人类面临的风险，不仅有来自大自然带来的风险，如地震、
台风、沙尘暴等，也有更多人类自身制造的各种风险，如战争、饥荒、恐怖主义等。当
然，还有科技可能带来的其他风险等。

——摘编自张文显：《"未来社会"将会是什么样子》，载《北京日报》，2019（01）。

❯ 未来人才的重要素质

随着时代的迅猛变化，我们终将面临一个完全不同的世界，许多行业将消失，很多
人将失去现有的工作。同时，时代的变化影响着人际关系的变化，全新的交往方式正在
发生。未来，什么样的人才将更能适应时代发展呢？

美国教育家、哈佛大学教育改革负责人托尼·瓦格纳在大量调研后提出，未来世界需要创新型人才，其必需具备以下七个方面的关键能力。

七个关键能力

批判性思考与解决问题的能力
跨界合作与以身作则的领导力
有效的口头与书面沟通能力
评估与分析信息的能力
灵活性与适应力
主动进取与开创精神
好奇心与想象力

——摘编自［美］托尼·瓦格纳：《教育大未来》，余燕译，海口，南海出版公司，2019。

职场活动亭

猜一猜

1. 请搜索并观看《未来餐厅》《无人酒店》等跟未来社会生活有关的短视频。结合自己所想，猜猜并说说未来社会可能的模样。

2. 去"职场加油站"看看专家学者是怎么看待"未来社会的模样"吧。

说一说

1. 说说"未来社会的模样"中都体现出了未来社会的哪些特征。（可以超出"职场加油站"提供的"未来社会的特征"参考信息范围哦。）

2. 这些未来社会可能的特征对我们提出了哪些新的要求和挑战？

玩一玩

玩家攻略：

1.　主题："穿越未来"。结合"未来社会的模样""未来社会的特征"知识和所学专业，以"我在未来当导游""我在未来修汽车""我在未来做美容""我在未来建房屋""我在未来当护理"等自己在未来想从事的职业或本专业现在对应的职业岗位为题，玩一次穿越。

2.　组织：分小组进行，每个小组成员讨论后确定一个题目作为穿越内容。

3.　内容：立足自己小组确定的未来在从事的职业岗位，演绎以下几个问题。

（1）本小组确定的这个岗位未来是否还存在？用"是"或"否"作答，并说明原因。选择"是"的同学请转入下方（2）题，选择"否"的同学请转入下方（3）题继续作答。

（2）未来这个岗位的工作内容、工作形式跟现在一样吗？如果不一样，可能是怎么样的？

（3）如果未来这个岗位不存在了，我们可能又在做什么呢？

4.　形式：可用演讲、画图、表演或自己创新的其他形式对上述内容演绎，各小组派代表在全班进行展示。

议一议

结合"穿越未来"的游戏进行分析：要更好地立足未来社会，需要我们具备哪些重要的素质？（"未来人才的重要素质"可以去"职场加油站"中找一找哟！）

比一比

人工智能时代正在快马加鞭地到来，社会状态、行业、专业、职业每一天都可能发生翻天覆地的巨变。有学者预言，未来 10 年，随着人工智能变得足够聪明，或将消灭全球 40% 以上的职业。2016 年 WISE 独角兽大会上有人表示，未来十年，世界上 50% 的工作都会被人工智能所取代。

改变并不可怕，改变可能让社会的物质财富更加丰裕，可能让选择更加多样，可能让生活更加便捷，当然也可能给我们带来些许恐惧。让我们从现在开始，着手自身素养的全面打造，为迎战接未来做好充分的准备吧！

请对照"未来人才的重要素质"，去"职场通关廊"完成自我现状的对比、拟定应对的举措吧。

职场放松屋 »

→ 选　择

从前，有两个饥饿的人得到了一位长者的恩赐：一根鱼竿和一篓鲜活的鱼。其中，一个人要了一篓鱼，另一个人要了一根鱼竿。于是，他们分道扬镳了。

得到鱼的人原地就用干柴搭起篝火煮起了鱼，他狼吞虎咽，还没有品出鲜鱼的肉香，转瞬间，连鱼带汤就被他吃了个精光。不久，他便饿死在空空的鱼篓旁。

另一个人则提着鱼竿继续忍饥挨饿，一步步艰难地向海边走去。可当他已经看到不远处那片蔚蓝色的海洋时，他浑身的最后一点力气也使完了，他也只能眼巴巴地带着无尽的遗憾撒手人间。

又有两个饥饿的人，他们同样得到了长者恩赐的一根鱼竿和一篓鱼。只是他们并没有各奔东西，而是商定共同去找寻大海，他俩每次只煮一条鱼，他们经过遥远的跋涉，来到了海边。从此，两人开始了以捕鱼为生的日子。几年后，他们盖起了房子，有了各自的家庭、子女，有了自己建造的渔船，过上了幸福安康的生活。

——摘编自徐昌强主编：《点亮人生：激励人生的 365 个哲理故事》，杭州，浙江人民出版社，2008。

一个人只顾眼前的利益，没有长远的目标，得到的终将是短暂的欢愉；一个人目标高远，但不着眼现实，目标理想也必是空中楼阁。只有立足现实的同时着眼于长远的未来、练就综合的本领，才能拥有幸福的人生。

职场通关廊 >>

　　我们正处于一个不确定的时代，在这个复杂的时代里，一切都在变化和重塑。为了能顺利适应时代发展变化的趋势，成为未来对社会有用的人，请对比未来人才所需要的素质，针对自己的现实情况，请完善下列思维导图。

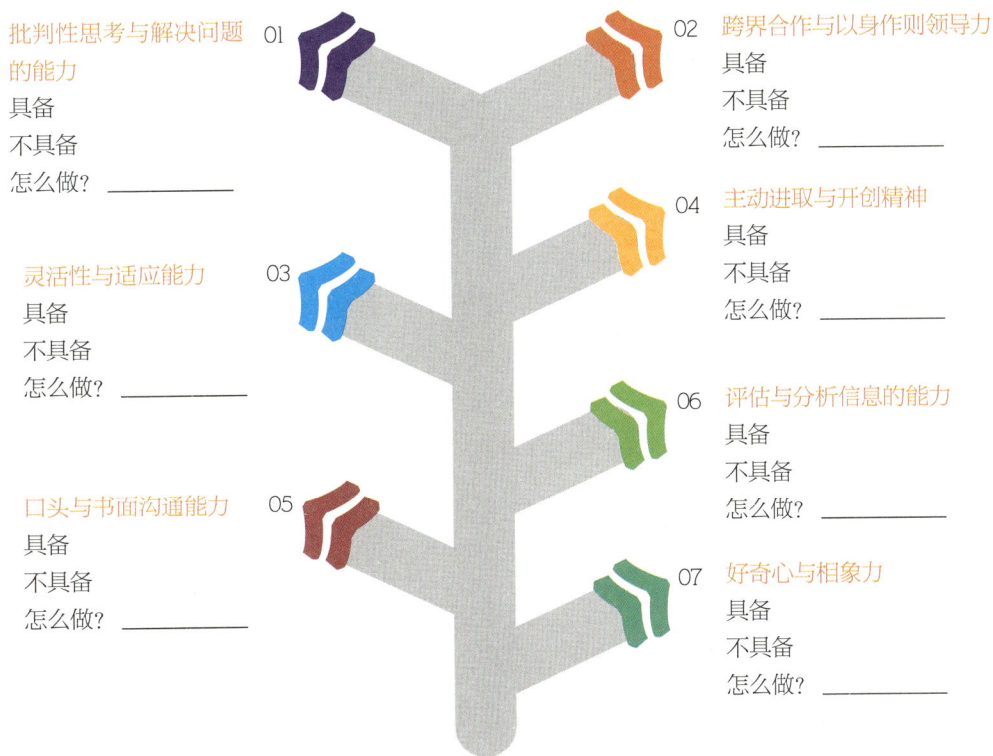

批判性思考与解决问题 01
的能力
具备
不具备
怎么做？_____

灵活性与适应能力 03
具备
不具备
怎么做？_____

口头与书面沟通能力 05
具备
不具备
怎么做？_____

02 跨界合作与以身作则领导力
具备
不具备
怎么做？_____

04 主动进取与开创精神
具备
不具备
怎么做？_____

06 评估与分析信息的能力
具备
不具备
怎么做？_____

07 好奇心与想象力
具备
不具备
怎么做？_____

职场心·愿树 >>

　　亲爱的同学，正在到来的智能革命，将把人类命运卷入一股急流，人工智能比人越来越适合工作，只要有了足够的统计数据和计算能力，机器对人类的理解，甚至可能超过我们对自己的理解。在人工智能和技术升级面前，没有永恒不变的行业标杆，不顺应时代做出改变，行业标杆也会被淘汰。愿每位同学都能做好充分的知识、能力和心理的准备，积极主动顺应时代的变革，手持老师交付的"鱼竿"在未来社会纵横驰骋。

让我们为正在为适应未来世界需求而不懈奋斗的自己写下一段励志语吧！

_____

_____

_____

_____

_____

职场拾贝苑 »

亲爱的同学，请将你在本节课学习、活动中的收获、体会和成长记录下来吧！

收获：_____

_____

体会：_____

_____

成长：_____

_____

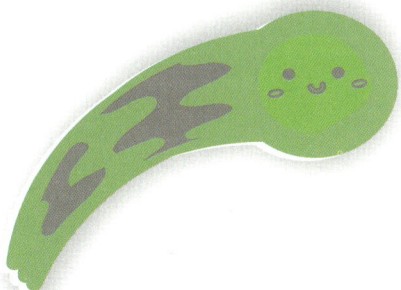

第二单元 >> 认识职业

职场启迪堂 »

西邻有五子，但三子残疾。按常理看，这家当家人的日子很难过。可是西邻有方，日子过得还蛮不错。

五子"各有千秋"。

细一打听，原来他对自己的儿子各有安排。

老大质朴，正好让他务农。

老二聪慧，正好让他经商。

老三目盲，正好让他按摩。

老四背驼，正好让他磋绳。

老五脚跛，正好让他纺线。

各展其长，各得其所，不患于食焉。

在《泾野子内篇》一文中，记录着一则"西邻五子食不愁"的故事，西邻有五子，但三子残疾。西邻则认为五子"各有千秋"：长子质朴，次子聪明，三子目盲，四子背驼，五子脚跛。按照常理看，这家当家人的日子很难过，可是西邻有方，日子过得还蛮不错。细一打听，原来他对自己的儿子各有安排：老大质朴，正好让他务农；老二聪慧，正好让他经商；老三目盲，正好让他按摩；老四背驼，正好让他蹉绳；老五脚跛，正好让他纺线。这一家子人，各展其长，各得其所，"不患于食焉"。

——摘编自赵建平、郝志贤主编：《职业道德与就业指导》，北京，中国商业出版社，2008。

西邻五子从事不同的职业，各展其长，"不患于食焉"。我们可以从事什么职业，让我们自己"不患于食焉"呢？下面就让我们结合自己所学专业共同开启"认识职业之旅"吧。

职场加油站 >>

>> 职业的产生与含义

职业是社会分工的产物。在漫长的原始社会里，人类的劳动最早按男女性别进行分工，男性打猎、捕鱼，女性采摘果实。原始社会末期，出现了最初的社会大分工，农业、畜牧业和手工业开始成为专门的职业。此后，随着社会生产力的发展，科学技术的进步，社会分工越来越细，职业就越来越多。

职业是指人们为了生存和发展而参与的社会分工，利用专门的知识和技能创造物质财富、精神财富，获得合理报酬，满足物质生活、精神生活的社会活动。

◆ 职业的特征

职业具有社会性、经济性、技术性、稳定性、时代性、多样性等特征。具体如图 2-1-1 所示。

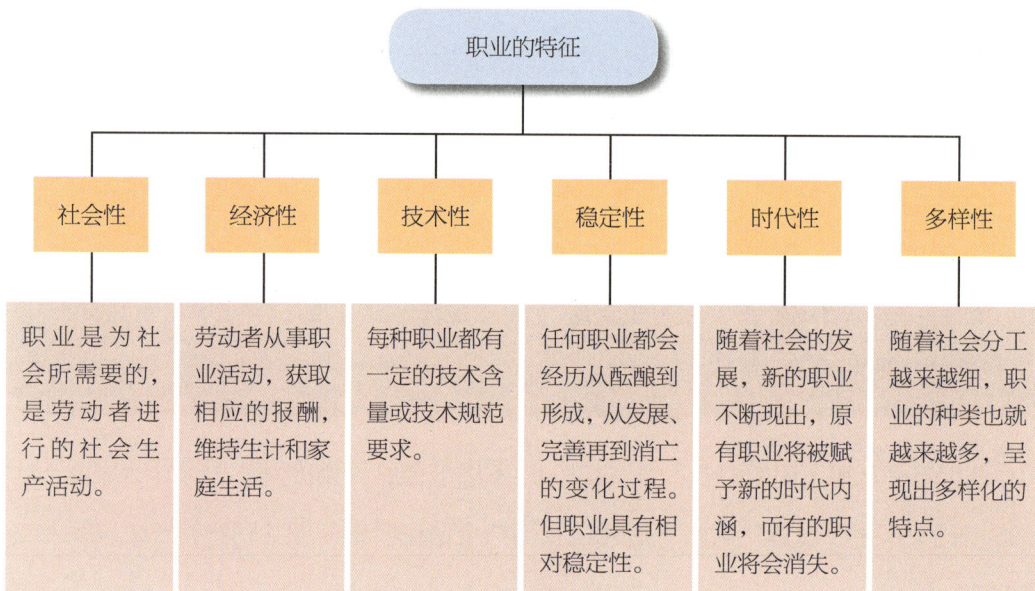

```
                    职业的特征
    ┌────┬────┬────┬────┬────┬────┐
  社会性  经济性  技术性  稳定性  时代性  多样性
```

社会性	经济性	技术性	稳定性	时代性	多样性
职业是为社会所需要的，是劳动者进行的社会生产活动。	劳动者从事职业活动，获取相应的报酬，维持生计和家庭生活。	每种职业都有一定的技术含量或技术规范要求。	任何职业都会经历从酝酿到形成，从发展、完善再到消亡的变化过程。但职业具有相对稳定性。	随着社会的发展，新的职业不断现出，原有职业将被赋予新的时代内涵，而有的职业将会消失。	随着社会分工越来越细，职业的种类也就越来越多，呈现出多样化的特点。

图 2-1-1　职业的特征

◆ 职业的分类

2015 年，人力资源和社会保障部、国家质量监督检验检疫总局和国家统计局组织颁布了新修订的《中华人民共和国职业分类大典》，对我国职业进行了具体划分。职业分类结构包括四个层次，即大类、中类、小类、细类，依次体现从大到小的职业类别，细类作为我国职业分类结构中最基本类别，即我们通常所说的职业。具体的职业分类情况见表 2-1-1。

表 2-1-1 我国职业分类表

大 类	含中类数	含小类数	含细类数
党的机关、国家机关、群众团体和社会组织、企事业单位负责人	6	15	23
专业技术人员	11	120	451
办事人员和有关人员	3	9	25
社会生产服务和生活服务人员	15	93	278
农、林、牧、渔业生产及辅助人员	6	24	52
生产制造及有关人员	32	171	650
军人	1	1	1
不便分类的其他从业人员	1	1	1

◆› 职业的价值

职业在人们的社会生活中居于重要地位，人们从事职业活动对个人的发展和社会的正常运行与进步具有重要的价值。

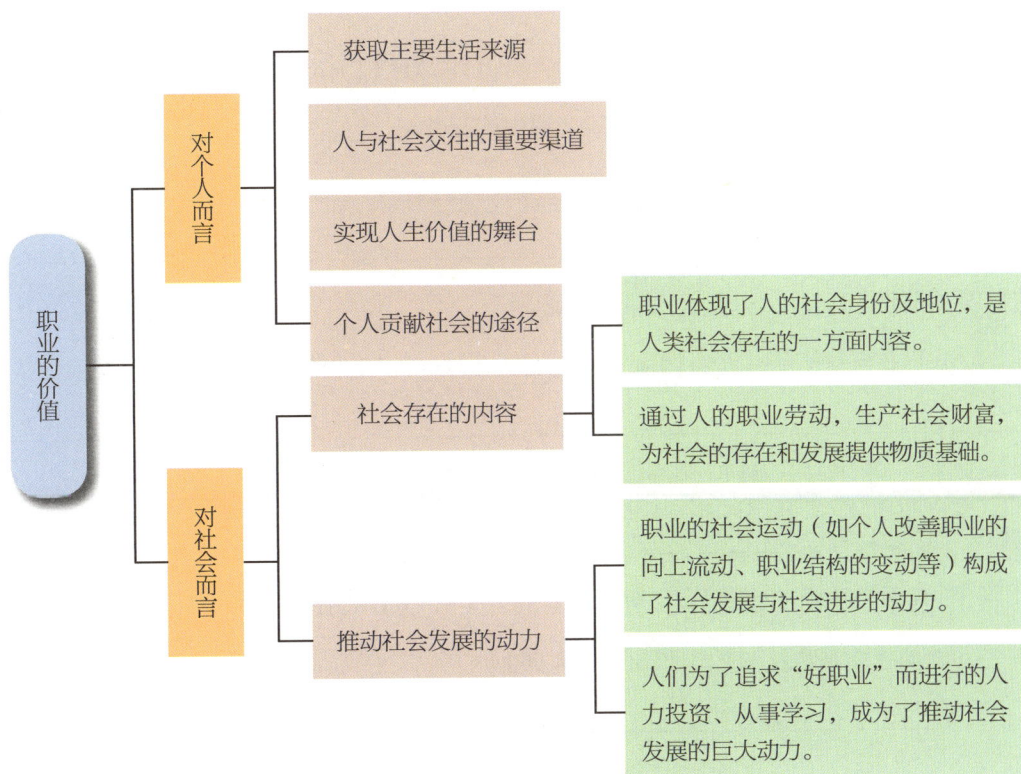

图 2-1-2 职业的价值

职场活动亭 >>

听一听

1. 请聆听"职场放松屋"中的音乐，听一听歌词中都提到了哪些职业吧：

_____、_____、_____、_____。

2. 你知道什么是职业吗？它是怎么产生的？请去"职场加油站"学习一下吧。

玩一玩

1. 根据以下词语猜职业。

    A. 结账服务　收钱无数　（　　　）

    B. 火花四溅　一焊永固　（　　　）

    C. 赤胆忠诚　视死如归　（　　　）

    D. 救死扶伤　华佗再世　（　　　）

2. 学习"职场加油站"之"职业的特征"，并找出（1）、（2）题的正确答案。

（1）上述职业中，你认为将来可能会消失的职业是_____，为什么？____

_____

_____。

这体现了职业具有_____的特征。

（2）若B与D的从业者互换职业，他们能在短时间内胜任自己的工作吗？为什么？

_____

_____。

这体现了职业具有_____的特征。

（3）查看"职场加油站"，了解"职业的分类"，分别找出上述职业属于哪一大类？
（注：可查阅《中华人民共和国职业分类大典》）

    A. _____　　B. _____

    C. _____　　D. _____

比一比

比赛内容：写出在学校里直接或间接支持我们学习的各种人员的职业及其职业内容等。

比赛方式：小组合作。

比赛要领：写得准、数量多、速度快。

序号	职业名称	工作内容	通过职业获得什么？

你发现这些职业工作者通过他们的职业活动共同获得了什么？

_____。

选一选

有学者曾做过一项调查：当你突然拥有一笔不必工作也能维持富足生活的财产时，你会不会脱离职业人的行列？调查结果显示，竟然有 80% 的人表示仍然愿意继续工作，而且不会懈怠。

——摘编自柳君芳、姚裕群主编：《职业生涯规划》，北京，中国人民大学出版社，2009。

你认为这 80% 的人选择继续工作的理由有（　　　　）。

A. 工作是一种乐趣　　　　　　　B. 希望自己的内心保持充实

C. 以此维持自己的健康　　　　　D. 促进人际交往

E. 个人贡献社会的途径　　　　　F. 不断提升自己

G. 实现人生价值　　　　　　　　H. 保持自尊心

读一读

1. 请阅读"职场通关廊"的案例并分享感受和启示。

2. 职业的价值是多元的。你可以把你所感悟到的职业的价值与"职场加油站"中的相关内容进行对照，若有补充，请填写 _____。

写一写

亲爱的同学，初识职业后，你对自己未来职业有怎样的考虑？请按要求完成"职场心愿树"。

职场放松屋 ≫

通过网络下载并聆听 *B What U Wanna B* 吧！

职场通关廊 ≫

◆ 三等人

有一位医生，在他从医 10 年之后，赚了一笔钱，45 岁时宣布退休，全家移民国外，每天从事他最喜欢的两样休闲生活：打高尔夫球和钓鱼。

一年后，出人意料地，他又回到原来的地方继续做医生。

朋友们都很奇怪，这位医生诚实地说："打高尔夫球和钓鱼连续一个月就烦了，没有工作形同坐牢。我在国外跟许多移民一样，成了'三等人'。"

朋友们都好奇地问："何谓'三等人'呢？"

这位医生苦笑道："首先是等吃饭，吃完饭之后是等打牌，打完牌之后就是等死了。这样等了一年实在让人受不了，只好回来再开业了。"

——摘编自马燕杰：《优秀员工的八项优秀品质》，北京，中国商业出版社，2014。

•> 大国工匠方文墨

1984年出生的方文墨是中航工业集团沈阳飞机制造厂的一名钳工，技校毕业。方文墨说："我就是当工人的料，我要当最好的工人，做中国最好的钳工。"

为保证手掌对加工部件的敏锐触觉，他每天都用温水浸泡双手20分钟，以去掉手上的茧子；大个头的他喜欢打篮球，但怕手受伤，不得不忍痛远离篮球；有一斤酒量的他，为避免工作和比赛时手发抖，索性把酒彻底戒掉。

手掌虽然细腻，但方文墨的手背、小臂伤痕累累。左胳膊上有一道5厘米长的暗红色灼伤，清晰可见。"这是几天前训练时溅出的火花烧的。"他淡淡地说。为了练就精湛技艺，方文墨几乎把所有时间都用来"练功"。

方文墨一头钻进钳工世界，一锉一磨地打造自己的梦想。他加工的零件公差达到0.003毫米，这个精度仅相当于头发丝的1/25，连自动化程度很高的数控机床加工都达不到这个精度。他拥有3项国家发明专利和实用新型专利，相继获得钳工、装配钳工和机修钳工3个高级技师证书，26岁夺得全国钳工状元，28岁成为沈飞最年轻的高级技师，获得第十七届中国青年五四奖章和全国五一劳动奖章。

在很多人看来，钳工枯燥乏味，又苦又累。但在方文墨眼里，钳工岗位是一个充满艺术灵感和生命活力的小世界。"通过打磨、加工，会赋予冰冷的零件以温度与情感，每当一个半成品零件加工完成后，我都觉得给了它第二次生命。"方文墨说。

——摘编自李保城、田治平主编：《大学生职业发展与就业指导：山东科技职业学院》，成都，电子科技大学出版社，2017。

请结合"职业的价值"谈谈这两个案例带给你的启示？

_____

_____

_____。

职场心·愿树 ≫

请把自己最想从事的三种职业按顺序写下来。

职场拾贝苑 ≫

亲爱的同学，请将你在本节课学习、活动中的收获、体会和成长记录下来吧！

收获：_____

_____

体会：_____

_____

成长：_____

_____

职场启迪堂 »

现在你们已经长大了，打洞的技术也不错，你们各自去草原上打洞安家吧。

兔哥给自己打了一个狭小的洞穴，挖了一条通往地面的通道。

兔弟，只有傻瓜才会像你这样，有了一个洞穴和通道后还在挖。

有一天，蛇顺着那条唯一的通道一下就钻进了兔哥的小洞穴里，兔哥无处可躲、无处可逃，被蛇活活吞掉。

蛇再次钻进兔弟的洞穴时……

兔弟顺着另外的一条通道跑了出去，躲过了蛇的袭击。

兔妈妈带着兔哥和兔弟住在草原的地下洞穴里，兔妈妈从小教兔哥和兔弟打洞，现在他们已经是打洞的一把好手。有一天，兔妈妈告诉兔哥和兔弟："现在你们已经长大了，打洞的技术也不错，你们各自去草原上打洞安家吧。"兔哥和兔弟依依不舍地离开了兔妈妈，各自找到了适合的地方，便开始打起洞来。兔哥给自己打了一个狭小的洞穴，挖了一条通往地面的通道，便跑去找兔弟玩了。而兔弟一直在不停地挖洞，他挖完一个宽敞的洞穴后，还打算从洞穴挖出三条通往不同地方的通道。当兔哥找兔弟玩的时候，发现他有了一个洞穴和通道后还在挖，兔哥在一旁嘲笑道："只有傻瓜才会这么做。"兔弟毫不理会，仍夜以继日地打洞。有一天来了一条蛇，兔哥惊慌失措地躲进了他的小洞穴，蛇嘿嘿得冷笑了一声，顺着那条唯一的通道一下就钻进了洞里，兔哥在狭小的洞穴里无处可躲，无处可逃，被蛇活活吞掉。蛇再次钻进兔弟的洞穴时，兔弟已将其中一条通道堵死，顺着另外一条通道跑了出去，躲过了蛇的袭击。

——根据《狡兔三窟》成语故事创编

兔子的洞穴有三个向外的通道，即便破坏了一个，尚存两个，如果被破坏了两个，至少还有一个。这是一种居安思危的生存方式，也是一种有先见之明的预防策略。未来会怎样，我们未必确定，但给自己的生存和发展准备多种变通的通道，会帮助我们不惧变化，从容应对。

职场加油站 >>

◆ 职群的由来

随着社会的发展以及产业融合，原来截然分开的职业之间出现职业融合，职业交叉的领域也逐渐增多，数种性质相近的职业构成的职业群由此产生，即职业群是社会发展和产业融合的结果。20世纪六七十年代后，一些发达国家开始以职群作为职业基础教育的培训范围，以增加受训者的就业弹性和职业转换能力，职群的概念推向世界。

职群的含义

职群是把一些普通的职业按照其宽泛的共同特征进行分组，将数种性质相近的职业归纳成一组或一群。通常指工作内容、社会作用、操作技能及对从业者素质要求相同或相近的若干职业的集合。如图 2-2-1 所示。

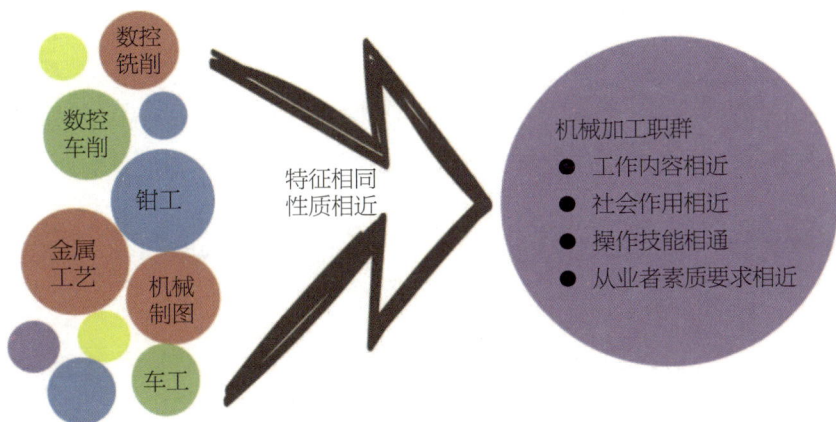

数控铣削
数控车削
钳工
金属工艺
机械制图
车工

特征相同
性质相近

机械加工职群
● 工作内容相近
● 社会作用相近
● 操作技能相通
● 从业者素质要求相近

图 2-2-1　机械加工职群示意图

职群的意义

有助于拓宽职业眼界，了解职群横向关系。 专业和职业之间未必是一一对应的关系，每个专业既可以对应一个职业，也可以对应一个或几个相关的职群，甚至对应一个或几个相关的行业。每个专业可就业的行业和职业范围可能是比较宽广的。例如，文秘专业的毕业生可从事前台接待、行政助理、档案管理等职业，计算机应用专业的毕业生可从事系统维护员、文秘、技术研发、网站开发、教师等职业。

有助于增强职业意识，未雨绸缪主动拓展。 每一种职业都会有相应的职责要求和能力素质要求，在学习期间，对职群中的相应职业进行职业素质分析和专业能力分解，可以面向职群进行拓展定位，主动根据分析结果拓展自己的知识、能力和素质。

有助于提高就业能力，适应市场变化需求。 面向职群进行学习和准备，可以使自己获得更多的新信息新本领，增强就业本领和就业的主动性、灵活性，使自己不仅在某一个职业岗位具有竞争力，而且具有适应职业变化的能力，具有在职群内转岗、晋升的基础。

职场活动亭

析一析

1. 阅读"职场启迪堂"故事。假如你是一只小兔，面对以下几种挖掘通道的方法，试着分析每种通道可能产生的结果，并进行原因分析。

参考分析

情景序号	挖掘方法	可能产生的结果	原因分析
情景一	从头到尾只挖一个洞		
情景二	按照自己想法，随心所欲到处挖洞		
情景三	按照洞穴相近、相通的关系，有规律地挖洞		
其他情景			

2. 职业发展的通道也需要我们不断去发现、去挖掘。这个故事对你的职业发展通道准备有什么启示呢?

_____

_____

读一读

阅读"职场放松屋"的故事，完成以下内容。

1. 整理出以下信息:

小江的专业 _____

第一份工作 _____

第二份工作 _____

第三份工作 _____

2. 小江是通过什么方式找到第二份工作的？又是如何确立和选择第三份工作的？她为第三份工作做了什么准备？

3. 小江转岗的三份工作之间有什么关联？（去"职场加油站"了解一下职业群的由来和含义吧。）

4. 小江的转岗给你什么启示？

做一做

你的专业可以对应哪些职业？每个职业还有哪些相近的其他职业呢？

1. 请到"职场通关廊"，采用小组合作的方式，将小组讨论的结果做成一张思维导图。

2. 讨论分析：这些职业有哪些共同的职业要求，又有哪些不同的职业要求？通过关键词的方式，继续补充完善思维导图吧。

3. 经过上面的分析，你认为了解职群有什么价值和意义呢？对我们当前的学习有什么启示？

4. 将分析讨论的结果和感悟启示向全班介绍分享吧。

职场放松屋 >>

小江细心、热情，是一名中职学校会计专业的学生。在校学习期间，她认真学习、刻苦钻研。毕业后，她从事的第一份工作是超市收银员，主要负责使用收银电脑进行收银工作，但她并不喜欢。在工作中总是感到无所适从，经过痛苦的挣扎后，她决定主动转岗。通过在招聘网站查询与会计专业相关的职业，认真了解各职业的从业要求，她终于找到一份银行柜员的工作，主要从事存取款、汇款、兑换、开户、挂失的工作。当时，银行柜台服务员是一个比较热门的职业，做这一行业收入也非常不错，而且符合小江的性格、能力，她做起来得心应手，并且在员工点钞技能比赛中脱颖而出。五年后，随着银行自助终端、自动柜员机的出现和广泛运用，银行柜台服务员这个曾经让许多人向往的职业显出萎缩的迹象，大量银行柜台服务员面临下岗、转岗。在突如其来的冲击下，小江冷静分析，坚信以自己现在的能力还可以做更有挑战性的工作，凭借着过硬的专业技能，她迅速地在专业相近的职业中进行判断和选择，开始利用业余时间进修投资理财课程，并考取理财规划师证书。后来，当她所在的银行因为岗位萎缩大量裁员时，小江早有准备，顺利转入一家投资公司，她根据客户的理财目标和需求，运用丰富的理财知识和熟练的投资技能，为客户提供专业理财规划和方案，开启了自己喜欢且能够胜任的理财顾问职业生涯。

——源自真实案例

职场通关廊 »

参考下图的方式，绘制出你的专业所对应的职群。

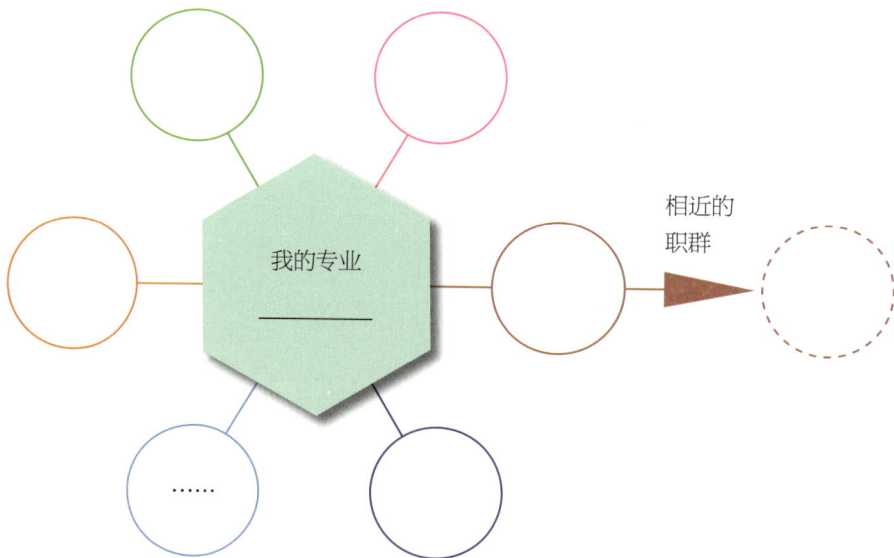

我的专业
_____

相近的
职群

......

🎄 **职场心·愿树** >>

根据与你所学专业相对应的职群，写下你最喜欢的职业吧。你将如何结合自身的专业，强化、拓展专业知识和技能，为喜欢的职业做准备呢？

🐚 **职场拾贝苑** >>

亲爱的同学，请将你在本节课学习、活动中的收获、体会和成长记录下来吧！

收获：_____

_____

体会：_____

_____

成长：_____

_____

李斯，字通古，战国末期楚国上蔡人。早年为郡小吏。

内急！看见这几只骨瘦如柴、又脏又臭的老鼠在吃粪便。

他想起几天前在粮仓看到的一幕：老鼠吃着粮食，根本就不怕人。

一个人是有出息还是没出息，就如同老鼠一样，是由自己的选择决定的！我一定要到一个大国去做丞相。

于是，李斯开始跟随荀子学帝王之术，学成后入秦国。

起初，被吕不韦任为郎官，负责劝说秦王政灭诸侯、成帝业。后因其成绩突出，被升为长史。

秦王采纳其计谋，遣谋士持金玉游说关东六国，离间各国君臣。这使他为秦国社稷立下汗马功劳，又被任为客卿。

秦王政十年，韩国间谍郑国入秦，秦王下令驱逐六国客卿。李斯上《谏逐客书》阻止，被秦王所采纳，不久官为廷尉。

秦统一天下后，他又与王绾、冯劫议定尊秦王政为皇帝。

李斯建议拆除郡县城墙，销毁民间的兵器；反对分封制；主张焚烧民间收藏的《诗》《书》等百家语，禁止私学，以加强中央集权的统治。

最后，李斯被任为丞相。

　　李斯，字通古，战国末期楚国上蔡人。早年为郡小吏，一日李斯忽然内急，忙不迭地跑到吏舍的厕所，刚一进去，就看见几只骨瘦如柴、又脏又臭的老鼠在偷吃粪便，见有人进来，仓皇奔逃。若在平时，这样几只老鼠根本不会引起李斯的注意，但在那一刻，李斯忽然停住了，他想起了几天前在粮仓看到的一幕：一只毛色光鲜体态肥胖的老鼠躺在角落里，吃着粮食，而且根本不怕人，这与眼前的厕鼠形成了鲜明的对比。由仓鼠和厕鼠的对比，李斯联想到了自己的处境，一时间心中感慨良多，长叹一声道："一个人是有出息还是没有出息，就如同老鼠一样，是由自己的选择决定的！"李斯暗想："虽然我现在只是一个郡小吏，但是我一定要到一个大国去做丞相。"他深知要做到丞相并非一件容易的事情。于是，李斯开始跟随荀子学帝王之术，学成后入秦国。起初，被吕不韦任为郎官，负责劝说秦王政灭诸侯、成帝业。后因其成绩突出，被升为长史。秦王采纳其计谋，即遣谋士持金玉游说关东六国，离间各国君臣。这使得他为秦国社稷立下汗马功劳，又被任为客卿。秦王政十年（公元前237年），韩国间谍郑国入秦，秦王下令驱逐六国客卿。李斯上《谏逐客书》阻止，被秦王所采纳，不久官为廷尉，在秦王政灭六国的事业中起了重大作用。秦统一天下后，他又与王绾、冯劫议定，尊秦王政为皇帝，并制定有关的礼仪制度；他建议拆除郡县城墙，销毁民间的兵器；反对分封制，坚持郡县制；他主张焚烧民间收藏的《诗》《书》等百家语，禁止私学，以加强中央集权的统治；他还参与制定了法律，统一车轨、文字、度量衡制度。最终，他被任为秦朝丞相。

——摘编自朱耀辉：《李斯传：从一介布衣到帝国宰相》，北京，新华出版社，2018。

李斯通过清晰方向，清楚什么事情是自己能够做的，从一个郡小吏做到长史，再到客卿、廷尉，最终做到丞相。由此可见，看见自己未来职业晋升发展的可能性是非常重要的，这样我们就可以立足当下，为未来职业的发展做出更加充分而精确的准备。

职场加油站 ≫

▶ 纵向职业通道的含义

纵向职业通道是指员工在管理（或技术）等级上的纵向的层级次序变动通道。也就是说在某一职业内部，依据个人能力、基本素养、职位要求等相关因素，将岗位划分为不同的等级，员工以此顺序由低到高逐步晋升。

▶ 纵向职业通道的分类

纵向职业通道分成专业技术类晋升通道和管理类晋升通道。目前，专业技术类职业发展通道的纵向设计一般采用技术等级职称作为评价指标，专业技术人员序列的提升意味着员工要具备更强的专业性、更专精的技术技能。管理类纵向职业发展通道设计是根据组织结构管理等级分的，管理人员沿管理序列的提升意味着员工享有更多的参与制定决策的权力，同时也需承担更多的责任。图 2-3-1 和图 2-3-2 所示是某互联网公司的员工晋升路线。

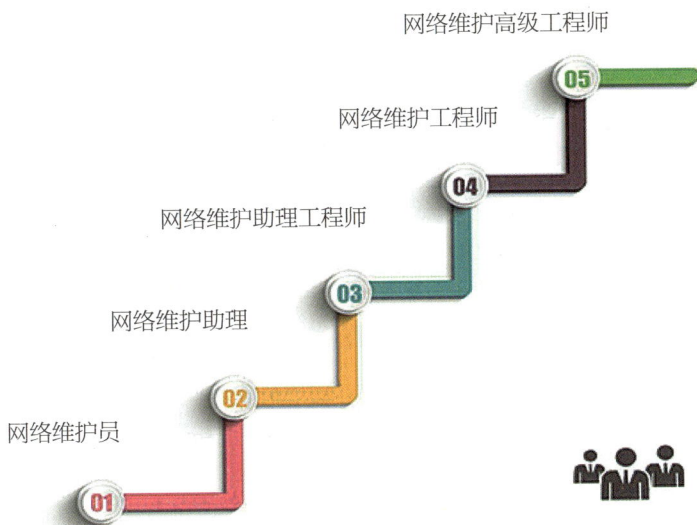

图 2-3-1　某互联网公司的技术类员工晋升通道

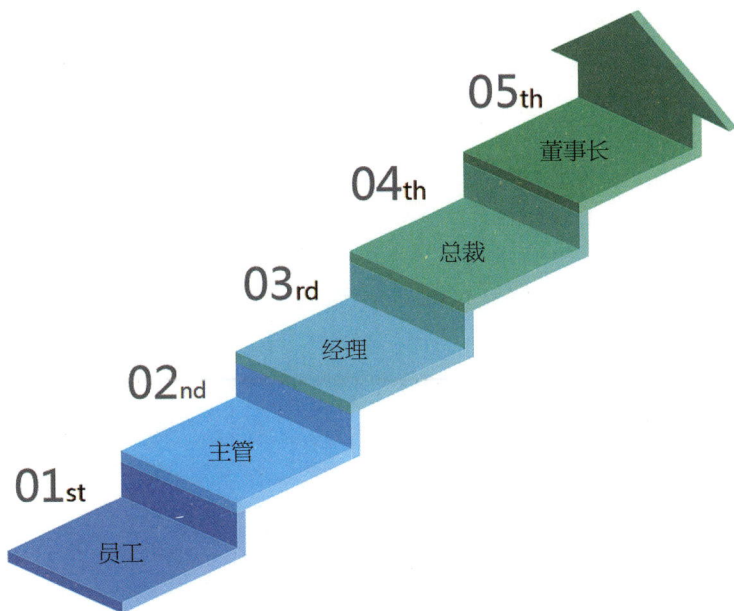

图 2-3-2　某互联网公司的管理类员工晋升通道

❖ 纵向职业通道的意义

有助于根据个人的实际情况进行预见性准备。纵向职业发展通道中不同的发展方向要求不尽相同，如果提前对未来职业发展通道及其相应要求有所了解，便可以有意识地对自我做详细的判断和分析，了解自己想做什么、适合做什么、现在具备哪些能力，也可以根据自己的个性特点、兴趣爱好和能力基础等进行相应的预见性准备。

有助于根据个人的实际情况进行持续自我完善。青少年处于可塑性很强的成长阶段，这个阶段未必会真正明确自己的专长特点和对未来纵向通道的选择，但通过对未来发展通道的假设和准备，可以不断向着自我完善的方向努力，就可以在提升自我能力的路途上不断提升自我竞争力。当有了足够丰富的经验和能力并且对自己有了清晰的认识和了解，就可以在职业通道和发展方向的选择上更有目标性，个人职业发展也会更为顺畅。

职场活动亭 »

说一说

1. 以你熟悉的一位在职业中发展很好的人为例，说说他入职的时候是什么岗位？后来经过努力和发展，走上了什么岗位？后来的岗位对哪些方面的知识或能力要求比较高？

2. 从大家介绍的这些职业发展故事中，你发现了哪几种类型的职业上升通道？这个发现给你什么启示？

填一填

结合"职场加油站"纵向职业通道的发展分类，通过网络资源或访谈老师等方式，将与你所学专业相对应的职业的纵向岗位晋升通道填在图 2-3-3 的职业踏步板上。

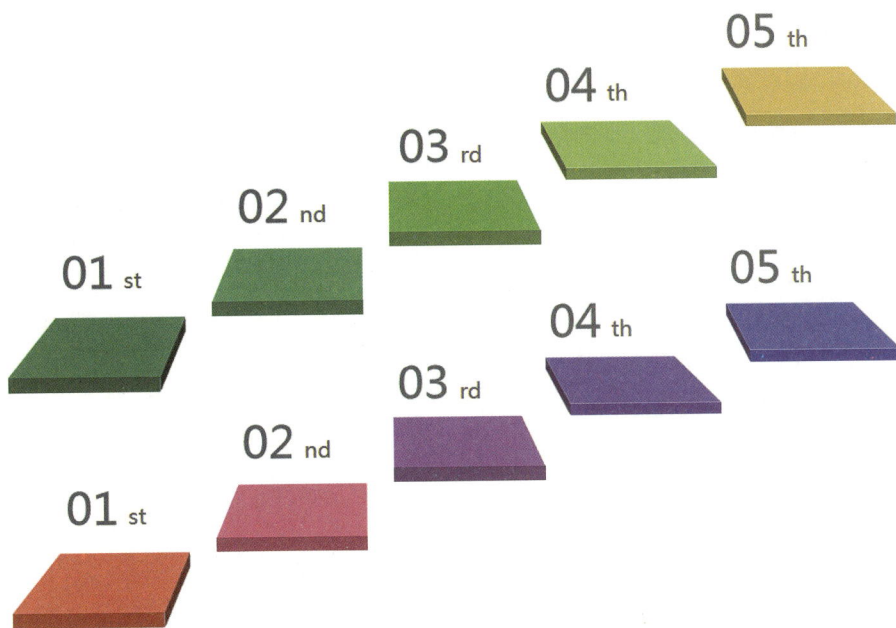

图 2-3-3 职业踏步板

析一析

1. 阅读某互联网公司软件技术人员与管理人员的基本资格要求和岗位要求。

表 2-3-1 技术人员岗位基本要求表（样本）

岗位名称	基本资格要求	岗位要求
初级软件工程师	1. 计算机及相关专业本科以上学历 2. 持有相关职业资格证书	1. 参加公司岗前培训 2. 在公司培训指导的辅导下独立或在团队协作下工作
软件工程师	1. 计算机及相关专业本科以上学历 2. 具有相关职业资格证书 3. 取得初级软件工程师职称 2 年以上	1. 掌握公司产品开发与设计 2. 按照公司开发管理制度完成自己的份内工作 3. 能清晰表达自己思维，独立带领 3~5 人小组进行编码
高级工程师	1. 计算机及相关专业本科以上学历 2. 持有相关职业资格证书 3. 熟悉公司软件工程管理，取得软件工程师 3 年以上	1. 能够规划非创新性产品的体系结构 2. 有丰富的编程经验和技术经验 3. 能带领 15 人左右团队完成产品的方案设计
技术专家	1. 计算机及相关专业硕士以上学历 2. 持有相关职业资格证书 3. 取得高级软件工程师 3 年以上	1. 精通行业领域内的相关技术 2. 能够针对公司产品提出建设性发展道路 3. 能够主持完成新产品的设计方案

表 2-3-2　管理人员岗位基本要求表（样本）

岗位名称	基本要求	岗位要求
产品开发组长	1. 计算机及相关专业本科以上学历 2. 持有相关职业资格证书 3. 取得公司高级软件工程师任职称 1 年以上	1. 具有团队精神和领导能力 2. 熟悉公司的产品开发流程 3. 善于沟通，有一定管理技巧 4. 能够根据实际情况及时解决影响进度的问题
产品开发经理	1. 计算机及相关专业本科以上学历 2. 持有相关职业资格证书 3. 取得公司高级软件工程师职称并担任产品开发组组长 2 年以上	1. 具有团队精神和领导能力 2. 有产品开发经验 3. 善于与员工进行沟通 4. 熟练掌握产品开发与过程管理的技术
产品开发董事长	1. 计算机及相关专业本科以上学历 2. 持有相关职业资格证书 3. 取得公司高级软件工程师职称并担任产品开发经理 3 年以上经验	1. 有领导能力及管理经验 2. 具有整体观和前瞻性眼光 3. 有丰富软件产品开发经验

2. 参考以下方式分小组归纳出专业技术人员和管理人员的晋升都有哪些关键条件？

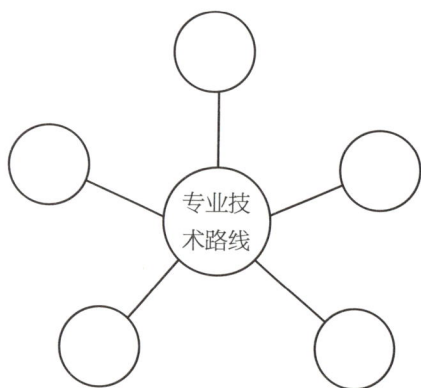

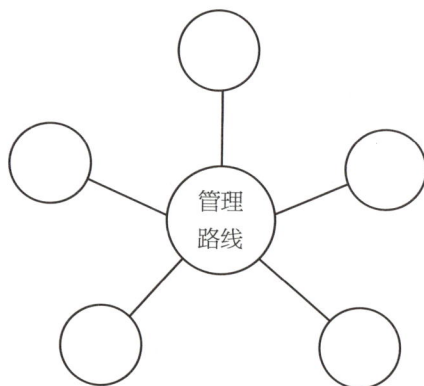

议一议

1. 到"职场通关廊"，阅读故事并分小组讨论思考故事后的问题。

2. 分享交流讨论结果。

3. 分享了解纵向上升通道后自己的感悟或对自己的启发。

● 揭秘张艺谋的导演梦

1978 年，张艺谋入北京电影学院摄影系学习，毕业后在广西电影制片厂担任摄影师。1984 年，他作为摄影师拍摄了影片《黄土地》，该片 1985 年获第五届中国电影金鸡奖最佳摄影奖。由于在摄影师位置上的出色工作，他开始尝试做演员，主演影片《老井》，并获得第二届东京国际电影节最佳男演员奖和第八届中国电影金鸡奖最佳男主角奖。在演员职位上的出色表现让他有了做导演的资格，并越做越好。1987 年，张艺谋导演的《红高粱》，以浓烈的色彩、豪放的风格，颂扬中华民族激扬昂奋的民族精神，融叙事与抒情、写实与写意于一炉，因而大放光彩，该片 1988 年获第八届中国电影金鸡奖最佳故事片奖、最佳导演奖等各种奖项。正是这部电影，让张艺谋成功地实现了从演员到导演的转型，并以一个导演的角色进入公众视野，奠定了张艺谋导演的地位。从此，他便一发不可收拾，在经过艺术片的成功后，他又转向了商业大片，《英雄》等一部部商业大片的红火为他带来了巨大的声誉。

张艺谋在学校毕业后先老老实实地做摄影师，在《黄土地》获奖后，张艺谋有了两个选择：继续做一名已经很成功的摄影师或者转型做导演。然而，他却选择了做一名演员，因为他知道做导演，特别是要想成为较有建树的导演，最好能亲身体验过做演员的感受，才能在拍片的时候和演员们够契合。

职业发展千条路，只有清晰自己未来想走什么样的路线，才能有的放矢地坚持下去。

——摘编自魏龙、柯北编著：《谋天下：从西北汉子到奥运会总导演》，北京，中国画报出版社，2008。

职场通关廊 >>

　　廖莉莎怀揣着成为一名资深心理咨询师的梦想，大学毕业后应聘到一家心理咨询公司。她从做一名电话接听员开始，认真倾听记录来访者的基本信息反馈给公司。业余时间，莉莎不断学习心理咨询理论。随着业务能力的增长，一年后，公司正式聘用她成为一名实习心理咨询师，接手一部分简单的个案，通过督导、学习，不断实现个人成长。又过了两年，莉莎成为了公司的心理咨询师，随着个人能力的增加，经验的丰富，莉莎渐渐成为公司最出色的心理咨询师。今年过年前，廖莉莎接到公司的通知，年后她会被调到管理部门，负责公司运营部门的管理，这远离了一线心理咨询的工作，让廖莉莎很苦恼，因为她的初衷是成为专业心理咨询师而不是管理人员，同时也让她开始重新审视自己的职业规划，到底是尝试挑战下新的岗位工作呢，还是仍然留在原来的岗位，亦或是离职重新找一份工作。

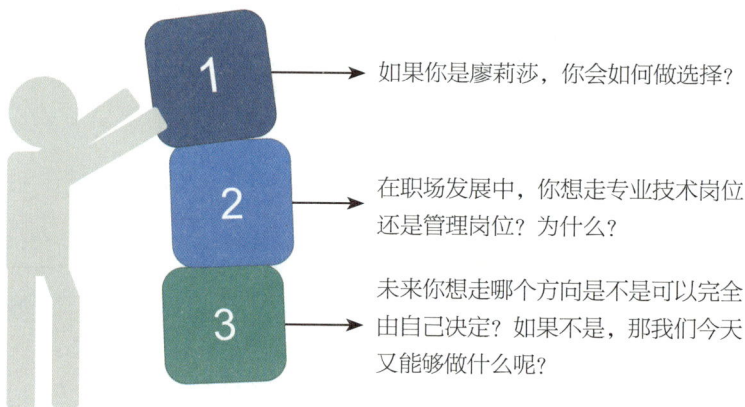

1 → 如果你是廖莉莎，你会如何做选择？

2 → 在职场发展中，你想走专业技术岗位还是管理岗位？为什么？

3 → 未来你想走哪个方向是不是可以完全由自己决定？如果不是，那我们今天又能够做什么呢？

职场心·愿树 ≫

只有看见未来，做好准备，才能遇见未来，拥抱未来。结合所学知识以及你自己的感受尝试着为自己设计一条未来可能的上升发展通道吧。

职场拾贝苑 ≫

亲爱的同学，请将你在本节课学习、活动中的收获、体会和成长记录下来吧！

收获：_____

_____

体会：_____

_____

成长：_____

_____

职场启迪堂 >>

有一只野狼卧在草地上正勤奋地磨牙，被狐狸看到了。狐狸对它说："天气这么好，我们都在休息玩耍，你也赶紧加入我们的队伍吧！"野狼没有说话，继续磨牙，把它的牙齿磨得又尖又利。狐狸觉得很奇怪，问道："现在森林里好安静，你看猎人和猎狗都已经回家了，老虎也在远处转悠，又没有任何危险，你又何必那么使劲地磨牙呢？"

野狼停下来回答说："我磨牙并不是为了娱乐。你想想，假如有一天我被猎人或者老虎追逐，我想磨牙也来不及了。平时我就把牙磨好，到那时就可以保护自己了。"

——摘编自仇超编：《鬼谷子的心理策略》，北京，中国纺织出版社，2015。

在生活中，许多人抱怨自己没有机会，而当机会来临的时候，却由于没做好充分准备而与机会擦肩而过，徒增懊悔。因此，我们要学会见微知著，未雨绸缪，更好地迎接未知的挑战。

职场加油站 >>

职业发展变化的趋势

职业更新速度逐步加快。技术的不断进步，给传统职业带来了巨大冲击，同时也延伸出了许多新的工艺、服务和产品，这些新技术的开发及应用，必然导致部分职业的新旧更替。例如，互联网通信技术的发展，导致传统的电话接线、打字员等职业将不复存在，但电子商务、网络设计、在线教育培训等新职业不断涌现。

职业发展边界趋于模糊。社会对未来人才知识的综合性结构提出了更高的要求，职业发展的边界在逐渐模糊，劳动者不仅要成为本专业领域技能人才，而且能够顺应环境变化转换职业角色，成为掌握多种知识和技能的高素质复合型人才。

职业技术含量不断提高。信息科技时代，产业将朝着人工智能、新材料领域等高新技术领域发展，必然促使新兴职业技术含量不断提升，提高了从业人员的知识及技能要求。以简单的程序性操作为主的职业将逐步被人工智能所替代。

应对职业发展变化的方法

避开重复性、机械式的劳务工作。因为这类工作往往是可以被一个软件、一套程序轻松完成的，很容易被人工智能所取代。

提升数字化协作能力也很重要。简单地说，就是需要知道如何借助网络平台来与别人一起办公。在未来的网络时代，这样的技能会变得越来越重要。

培养"批判式思维"，不要让自己停留在收集和整理资料的阶段，有创新能力的工作者才不容易被时代淘汰。

树立终身学习观念，提升职业技能。在未来，需要侧重一些更加符合人类本性、更具有发明创意型的工作岗位，打造一个属于你自己的技能组合包。

职场活动亭 》

猜一猜

请扫描下方二维码，看看能猜中几种渐渐远去的老行当？

渐渐远去的老行当

随着生产力的发展，机械取代人力，许多昔日遍地开花、涌现众多能人巧匠的职业逐渐退出了历史的舞台。在过去的数十年里，许多烙印在我们儿时回忆里的老行当基本已不复存在。无论事不关己还是依依不舍，那些充满一代人回忆的老行当正渐行渐远……

——出自《人民日报》客户端

说一说

根据刚才的活动，结合自己的生活经验，说说。

1. 你看到或感受到了哪些职业已经消失？是从什么地方看出来的？

2. 哪些职业的就业人员正在减少？又有哪些职业新增出来了？你是如何得出这样的结论的？

16 个新职业来了，有你想从事的吗?

进入 21 世纪以来，随着经济社会发展、科技进步和产业结构调整升级，中国的社会职业构成和内涵发生了很大变化。随着一些传统职业开始衰落甚至消失，一些新职业不断涌现并迅速发展。

2020 年初，中国就业培训技术指导中心发布了《关于拟发布新职业信息公示的通告》，具体包括智能制造工程技术人员、工业互联网工程技术人员、虚拟现实工程技术人员、连锁经营管理师、供应链管理师、网约配送员、人工智能训练师、电器电子产品环保检测员、全媒体运营师、健康照护师、呼吸治疗师、出生缺陷防控咨询师、康复辅助技术咨询师、无人机装调检修工、铁路综合维修工、装配式建筑施工员 16 个新职业。

其中，人工智能训练师从概念发展成职业只用了四年的时间，智能产品的背后是这些岗位的从业者在努力让人工智能更懂得人类。而呼吸治疗师也是一种新兴的医学职业，主要是为心肺功能不全，或者异常的病患者提供诊断、治疗和护理的服务。

根据中国就业培训技术指导中心发布的通告，网约配送员的职业定义为通过移动互联网平台等从事接收、验视客户订单，根据订单需求，按照平台智能规划路线，在一定时间内将订单物品递送至指定地点的服务人员。

随着消费需求的多元化、对于服务的专业化需求不断增多，新职业越来越丰富，一些原先不曾有的新职业群体不断扩大。

——摘编自柳瑞敏：《16 个新职业来了，有你想从事的吗？》，载《人民日报》（海外版），2019-02-12。

1. 随着时代的发展，人们的就业方式不断发生新变化，新职业应运而生，从这些新增的职业中，你发现了哪些变化的趋势呢？

2. 从外卖小哥到网约配送员，职业要求发生了什么新的变化？这些变化对从业人员提出什么新的要求？我们从中获得什么启示？

_____

_____

试一试

BBC 基于剑桥大学研究者的数据体系，分析了 365 种职业在未来被淘汰的概率。未来十年，你的工作将会被取代吗？

以下 20 种职业中，包含了被人工智能取代概率最高的十大职业（被取代概率高于80%）和人工智能无可代替的十大职业（被取代概率低于 7%）。你能把它们区分出来，并说一说这样分类的理由吗？

电话推销员	打字员	营养师	会计	人力资源管理者
客服	喜剧演员	医生	保险业务员	银行职员
牧师	兽医	牙医	普工 职员	考古学家
接线员	前台 保安	健身教练	护士	摄影师

1. 被人工智能取代概率最高的十大职业：

_____

理由：

_____

_____

2. 人工智能无可代替的十大职业：

_____

理由：

_____

_____

请扫描下面的二维码，看一看，你答对了吗？

被人工智能取代概率最高的十大职业

3. 容易替代和无可替代的职业都各自有些什么特点？要怎么做才能更好地应对职业发展的变化呢？

写一写

1. 今天技术革命带来了一系列深刻的变化，互联网这一新生事物更会将我们带向一个全新的未来。新职业的出现，只是社会适应时代发展的一前端变化。我们只有从技能到知识、从眼光到心态、从思想到行动全副武装起来，才能跟上这个时代的发展，拥抱灿烂的未来。

要更好地立足未来职场，需要我们分析判断自己的专业所对应的职业，未来可能会有怎样的发展趋势？为此，我们需要提前做好怎样的准备？需要主动拓展完善哪些领域的知识和能力？请在"职场通关廊"分析并写出来吧。

2. 分享写完后的收获和感悟。

职场放松屋 >>

有一天，会计学老教授问了大家一个问题："毕业后你们需要考取很多证书，初级职称、中级职称、高级职称、注册会计师、注册税务师、ACCA（The Association of Chartered Certified Accountants，简称 ACCA，中文译作特许公认会计师公会）等。如果你下决心今年一定考下某一本证书，而正好有两种考试你可以报名，一种很容易考，另一种很难考，你会报考哪种考试？"

问题一出，大家都说："当然考容易的那种考试了！"

老教授一笑，说："从容易的考试中获得的不过是一本普通的含金量不高的证书，而比较难的考试所获得的却是高含金量的证书，你们会报考哪一种考试？"

大家想，难考的证书比较珍贵，说道："当然报考难的了，普通证书又不值钱！"

老教授带着不变的微笑又问："那普通的证书如会计从业证是会计从业人员必备的，而难考的证书如 ACCA 却不一定要有，你们会报考哪一种考试？"

大家觉得有些疑惑："如果这样的话，还是考容易的吧。含金量高的证书难考，而且没有它也能做会计！"

老教授目光闪烁着，他说："普通证书虽然容易考，也是从业必备的，却不能证明你有更高的专业水平，在更高的职业发展中帮助不大，更不可能因为你有普通证书而当上CFO，你们会报考哪一种考试？"

虽然搞不懂老教授的葫芦里卖的什么药，大家还是从他所给的条件出发，说："还是报考那种难考的吧，普通证书只是从业资格，对往高处提升用处不大！"

老教授紧接着问："可是难考的证书含金量高，只是考起来非常困难，可能会花费好几年的时间，你们会报考哪一种考试？"

大家索性也不去考虑他到底想得出什么结论，就说："那就考普通证书。两种证书同样都有不足的地方，当然挑容易的考了！"

老教授又问："可是普通证书真的只是证明你具有从业资格，当你做了会计之后，想往高处提升时，别人就不看你有什么普通证书，而是看你有什么高级证书，你会报考哪一种考试？"

终于，有人问："教授，您到底想告诉我们什么？测试些什么呢？"

老教授收起笑容，说："很多人付出很多努力想考取好的证书。可是你们怎么就没有问问自己，到底为什么要考证呢？虽然我给出的条件不断变化，可是最终结果取决于你们最初的动机。如果你想取得从业资格，当普通会计员，那你就先考容易的考试，取得普通的证书；想做财务精英，当首席财务总监（Chief Financial Officer，CFO），那就要考取一些高含金量的证书。比如，中级会计职称、高级会计职称、注册会计师、ACCA、中国计量认证（China Inspection Body and Laboratory Mandatory Approval，CMA）等。你们当然不会无缘无故就闭着眼睛去考证了！"

——摘编自《会计考证经典故事：不忘初心，方得始终》，中华会计网校 https://www.chinaacc.com/tansuo/shijiao/hu1604141443.shtml，2019-09-15。

在我们为了适应未来职业的发展变化而未雨绸缪时，我们可能会主动通过考取证书等方式来促进自己进行横向知识技能领域的拓展和纵向能力的提升。当我们在做这样努力的时候，千万不要忘记反复询问自己：这样做，可以为自己未来职业的发展积淀什么？这样的准备能否为增强未来职业的适应性起到积极有效的作用？在这样的确认中，我们就能让我们在有限的时间去做对未来发展更有价值的事情啦！

职场通关廊 »

亲爱的同学，未来已经扑面而来，应对变化，我们必须未雨绸缪，居安思危，犹如那只勤奋磨牙的野狼，一日不停地磨砺尖牙，等到变化和危险来临时，总有一口尖牙在身。参考"职场加油站"应对职业发展变化的方法，回顾"认识专业"单元和前两个专题学习的内容，结合自己现状，列出自己在中职学习生活中还需要主动拓展完善的领域和内容吧。

_____
_____
_____
_____
_____
_____
_____

职场心·愿树 》》

根据现在可以观察到的生活、科技趋势，请你畅想一下未来十年，我们的生活中还有可能出现什么新职业呢？请在下面写出三个你认为可能出现的新职业。

职场拾贝苑 》》

亲爱的同学，请将你在本节课学习、活动中的收获、体会和成长记录下来吧！

收获：_____

_____

体会：_____

_____

成长：_____

_____

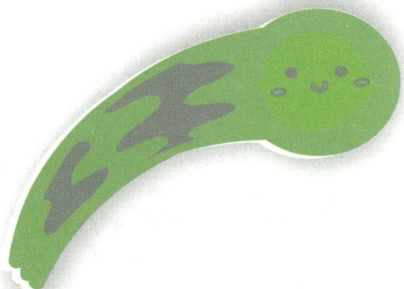

第三单元 >> 认识自我

职场启迪堂 »

　　很久以前，有一个美丽的花园，花园里种满了苹果树和橘子树，还有美丽的玫瑰，它们都很开心，很满足。但有一棵树感觉很悲伤，因为它有一个问题：它不知道自己是谁。

　　苹果树说："你需要集中注意力，如果你真的愿意的话，你就可以长出很多可口的苹果。你看，就是这么简单！"

玫瑰花说："不要听它的。其实盛开玫瑰花更简单，你看看，我们多么美丽啊！"

这棵可怜的树尝试了它们的建议，但它还是不能像它们一样。每次尝试以后，它感到更加的沮丧和伤心。

有一天，花园里飞来了一只猫头鹰，它是鸟类中的智者，当它看到了这棵树的绝望时，就对这棵树说："不用担心，你的问题并不是很严重。你的问题只不过和地球上所有的人类一样而已。我给你一个建议，不要把你的时间都浪费在别人希望你如何的事情上。你只需要聆听你内在的声音，做你自己，了解你自己。"说完这些，猫头鹰就飞走了。

这棵绝望的树开始问自己："我内在的声音？做我自己？了解我自己？"忽然它明白了。它捂住自己的耳朵，心打开了。最后，它听到了自己内在的声音："你永远也长不出可口的苹果，因为你不是一棵苹果树。你也不会在春天开花，因为你不是玫瑰丛。你是一棵红树，你的使命是茁壮地成长，然后枝繁叶茂。你的使命是要给鸟儿提供巢穴，给路人提供阴凉，让乡村更美丽。这才是你的使命，去做吧。"

这棵树现在信心十足，它坚定了自己是谁，决心就做它本来的样子。很快，它茁壮地成长起来，它的绿荫覆盖了很多面积，它也越来越被其他人所尊重和敬仰。

——摘编自李香凤主编：《心理健康教育》，济南，山东人民出版社，2015。

"你只需要聆听你内在的声音，做你自己，了解你自己！"古希腊的学者也曾在太阳神阿波罗的神庙门上留下了这样的警训："人啊，认识你自己！"

人这一生最难做到的就是认识自己。为什么要认识自己，应该从哪些方面去认识自己，认识自己的最终目的是什么，这都是我们应该用一生去追寻与探索的问题。

◆ 自我认识的含义

生活中通常说的认识自我，在心理学上称为自我认识，自我认识是自我意识的一部分。自我意识是个体对自己以及周围事物的关系的认知，一般包括自我认识、自我体验、自我监控三种方面的内容。

自我认识是自我意识的首要成分，也是自我调节的心理基础，是个体对自己的心理特点、人格特征、能力以及自身社会价值的自我了解与评价，是个人对自己及其外界关系的认识，也是认识自己和对待自己的统一，是整合和统一个人人格的核心。加强自我认识落实到行动中就是不断地去认识自我、接纳自我、发展自我。

◆ 认识自我的作用

人既是一个复杂的矛盾体，又是一个不断变化的发展体。对自我没有深入正确的认识，我们将不知道自己从哪里来，要朝哪里去，也不会明白自己的优势与不足，无法查漏补缺、扬长避短。

只有正确地认识自我，才能让我们找到正确的奋斗方向；只有正确地认识自我，才能让我们坦然接纳现实的我；只有正确地认识自我，才能让我们不断去追寻更加完美的我。让我们围绕认识自我的维度，运用认识自我的科学方法，不断加强对自我的认识，为成就一个更好的自我奠定扎实的根基。

总的说来，我们每个人都需要正确地进行自我认识，自我认识的主要作用体现在三个方面，如图 3-1-1 所示。

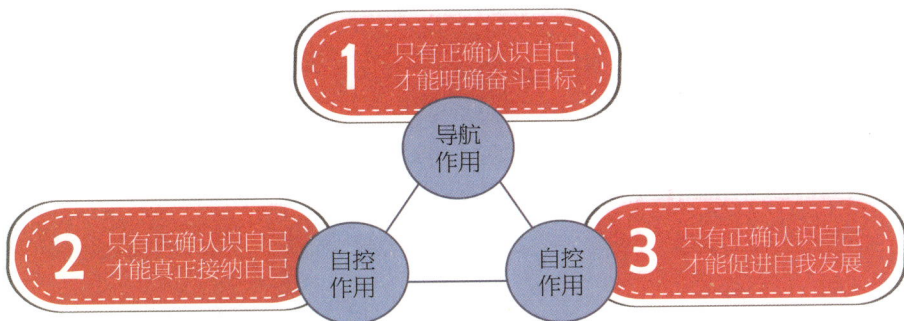

图 3-1-1　认识自我的作用

◆ 认识自我的维度

通常，我们可以从生理的自我、心理的自我、社会的自我等几个维度去进行自我的认识。如图 3-1-2 所示。

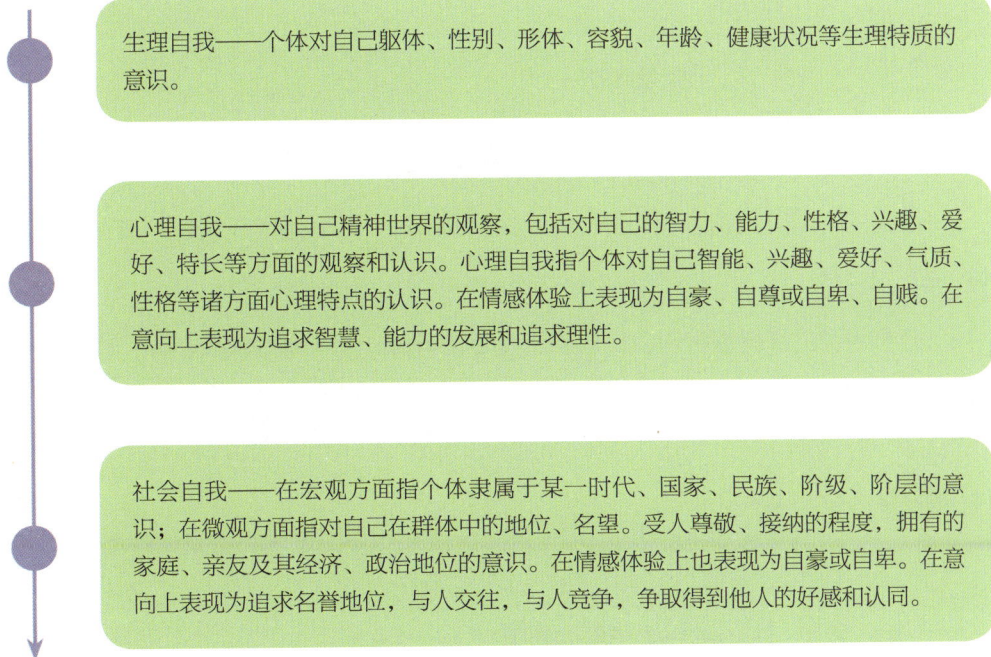

生理自我——个体对自己躯体、性别、形体、容貌、年龄、健康状况等生理特质的意识。

心理自我——对自己精神世界的观察，包括对自己的智力、能力、性格、兴趣、爱好、特长等方面的观察和认识。心理自我指个体对自己智能、兴趣、爱好、气质、性格等诸方面心理特点的认识。在情感体验上表现为自豪、自尊或自卑、自贱。在意向上表现为追求智慧、能力的发展和追求理性。

社会自我——在宏观方面指个体隶属于某一时代、国家、民族、阶级、阶层的意识；在微观方面指对自己在群体中的地位、名望。受人尊敬、接纳的程度，拥有的家庭、亲友及其经济、政治地位的意识。在情感体验上也表现为自豪或自卑。在意向上表现为追求名誉地位，与人交往，与人竞争，争取得到他人的好感和认同。

图 3-1-6　认识自我的维度

职场活动亭 >>

读一读

1. 阅读"职场启迪堂"故事，完成"红树心路历程演化图"，谈谈从红树的心路历程演化过程中得到的感悟。

红树的初始情绪（　　　　　　） ◀ 原因（　　　　　　）

　　　↓

苹果树的建议——（　　　　　　　　　　　　　　）

　　　↓

玫瑰花的建议——（　　　　　　　　　　　　　　）

　　　↓

红树的行动及情绪——（　　　　　　　　　　　　）

　　　↓

猫头鹰的建议——（　　　　　　　　　　　　　　）

　　　↓

红树的行动、现状及情绪——（　　　　　　　　　　）

红树心路历程演化图

2. 红树的心路历程就是不断进行自我认识的过程，什么是自我认识？请去"职场加油站"看一看吧！

3. 分小组讨论红树进行自我认识的过程对它自身产生了哪些积极影响，请将小组的讨论结果在班级进行分享哦！

玩一玩

游戏"我的名片我来做"

1. 为自己制作一张文字名片或者是画像名片。

攻略一：如果让你用一张画来描绘现在的自己或者希望的自己，你会怎么画呢？用你的笔来描绘你的自画像吧！你的自画像可以是抽象的、形象的、动物的、植物的，画的形式可以多种多样，重要的是要把心中最能代表自己的东西画出来，给自己所画的事物一些评价，讲出它们的优点或对它们的期待。

攻略二：如果不愿意画画的同学也可以按以下方式为自己制作一张纸质名片。

我是：
和别人相比，我更：
我最喜欢：
多数人对我的评价：
那些真正了解我的人对我的评价：
对于未来，我最希望：
在群体里，我最怕：

2. 完成任务后，请先在小组内进行自己名片内容的讲述。组内讲述完成后，每小组推荐1~2名代表在班级分享自己的名片内容。

3. 请在老师的带领下对"我的名片"中展示出的内容进行分类，看看可以分成哪些类别。

读一读

学习了自我认识的三个维度，请认真思考正确的认识自我对一个人的发展有什么积极的作用，结合"职场加油站"中"认识自我的作用"的知识，去"职场通关廊"试一试吧！

悟一悟

"人生最重要的事情，就是认识自己。只有清醒地认识自己，才不会迷失人生的方向。"——苏格拉底

"知人者智，自知者明。"——老子

认识自我，方能成就自我。人的一生是不断发展的，变化的。"认识自我"也是一项终身的事业，如同登一座巍峨的高山，在山底、山腰、山顶领略到的风景，得到的体会和感受都是不一样的。在人生路上，我们要重视对自我的不断探索、进而形成对自我的正确认知与潜能突破。

职场放松屋 >>

● 古刹来了新和尚

古刹里新来了一个小和尚，他积极主动地去见方丈，殷勤诚恳地说："我初来乍到，先干些什么呢？请方丈指教。"

方丈微微一笑，对小和尚说："你先认识和熟悉一下寺里的众僧吧。"

第二天，小和尚又来见方丈，殷勤诚恳地说："寺里的众僧我都认识了，下面该去干些什么呢？"

方丈微微一笑，洞明睿犀地说："肯定还有遗漏，接着去了解、去认识吧。"

三天过后，小和尚再次来见方丈，满有把握地说："寺里的所有僧侣我都认识了。"

方丈微微一笑，因势利导地说："还有一人，你没认识，而且这个人对你特别重要。"

小和尚满腹狐疑地走出方丈的禅房，一个人一个人地寻问着、一间屋一间屋地寻找着。在阳光里、在月光下，他一遍一遍地琢磨，一遍一遍地寻思着。

不知过了多少天，一头雾水的小和尚，在一口水井里忽然看到自己的身影，他豁然顿悟了，赶忙跑去见老方丈。

——摘编自谢晓敏：《活出你的精彩：高中生必修的心理课》，上海，上海教育出版社，2015。

世界上有一个人，离我们最近也最远；世界上有一个人，与我们最亲也最疏；世界上有一个人，我们常常想起，也最容易忘记。这个人，就是我们自己。

职场通关廊 >>

亲爱的同学，通过前面的学习，我们来试一试是否能将下列案例与认识自我的意义正确连线呢？

鲁迅先生在他国学习医学时，勇于面对人生，看清了中国的现实，也发现了自己心之所向，毅然决然地踏上了文学之路，誓从精神上救治他人。	认识自己 明确目标
一只鹰隼，几次振翅，跌落谷中，反反复复，这——不是绝望，是想一飞冲天的一心执着；这——是鹰隼对自己能够征服天空的信心与对自己能力的认识。	认识自己 接纳自我
一枚枫叶，秋风过后，悄然翩飞，落在地上，这——不是寂寞，是枫叶将自己献给秋天的一汪情意，这——是枫叶对自己能"化作春泥更护花"的认识。	认识自己 发展自我

职场心·愿树 »

学习了自我认识的含义、认识自我的作用与维度等相关内容，你是否有了深入认识自己的冲动呢？你最期待对自己的哪个方面进行深入的认识呢？请把愿望写下来吧！

职场拾贝苑 »

亲爱的同学，请将你在本节课学习、活动中的收获、体会和成长记录下来吧！

收获：_____

_____

体会：_____

_____

成长：_____

_____

职场启迪堂 》》

实验对象: 25个彼此了解各自优缺点的老熟人。

实验要求: 每个人分别根据以下9个标准对所有包括自己在内的人排名次。

	文雅	幽默	聪明	爱交际	讲卫生	美丽	自大	势利	粗鲁
第1名									
第2名									
第3名									
第4名									
第5名									
第6名									
第……名									
第25名									

实验对象: Jason

	文雅	讲卫生	聪明	美丽	自大	势利	粗鲁
自评	3	5	9	3	20	22	18
其他24人评定名次的平均数	23	10	15	9	15	17	14

■ 自评
■ 其他24人评定名次的平均数

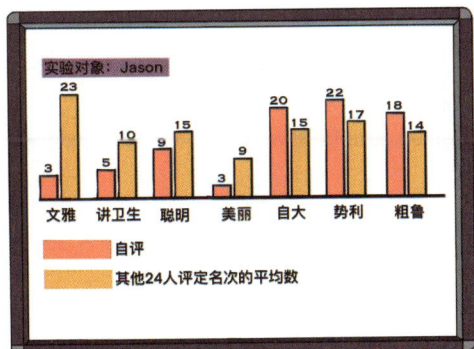

统计分析: 这25个人身上都有不同程度的夸大优点和掩饰缺点的倾向。

一位心理学家做了一个实验。他找来 25 个人，他们相互之间都是老熟人，也比较了解各自的优缺点。心理学家请他们每个人分别根据 9 个标准，即文雅、幽默、聪明、爱交际、讲卫生、美丽、自大、势利、粗鲁，对所有包括自己在内的人排名次。比如，根据文雅标准，谁最文雅排第一，其次为第二……以粗鲁为标准，谁最粗鲁排第一，其次排第二……也就是说，每一个人都要对自己和其他 24 个人进行评价。这样，每个人的每个方面都有一个自我评价，还有 24 个他人做出的评价。经过统计分析发现，这 25 个人身上都有不同程度的夸大优点和掩饰缺点的倾向。例如，有一个人自以为自己的文雅程度应该名列前茅，可是把其他 24 个人在这方面给他评定的名次平均一下，他的"文雅"程度仅列第二十几名。还有一个人，对自己"讲卫生"的品质的名次比他人给他的平均名次提前了五名，对"聪明"和"美丽"的程度的评价都提前了六名，而对自己"势利""自大""粗鲁"程度的评定却比别人评的低，他定的名次比别人给他定的后退了六名。

——摘编自高志鹏编：《心理学其实很好玩》，北京，新世界出版社，2012。

从这个实验中我们可以看到，我们对优良品质的自我评价常常比别人的估计高，对不良品质的自我评价则常常比别人的估计低，也就是说，我们更容易拔高自己。怎么样才能得出更科学、客观、公正的自我认识呢？运用科学的方法、遵循科学的原则才是不断加强对自身正确认识的不二选择。

职场加油站 »

● 认识自我的科学方法

自省法是人与自我的内心对话，通过反省自己、分析自己来了解自己的方法，即对自己的心理状态进行分析，评价自己的性格、能力、兴趣等，从而知道自己的长处和不足。自省法是必要的，但不一定可靠。因此，个体仅仅通过自我观察认识自己是不够的，还必须有其他的方式。

镜像法指个体通过观察他人对自己行为的反应而形成自我概念，即以人为镜认识自己。每一个他人对于自己来说犹如一面镜子，反映出它面前的自己。镜中我就是通过他人对自己的评价和态度为参照点，这是认识自我最基本的途径。镜像法应与其他几种方法结合使用，才能更客观地认识自我、评价自我。

比较法指从自己与他人的比较中了解自己的能力、水平、在团体中的相对位置，以及自己的发展变化的一种方法。通过比较，你可以发现自己的长处和不足，从而扬长补短。当然，自己与他人比较的时候，既要与比自己强的人比，也要和比自己差的人比，还要与自己对比，这样才更客观地认识自己，才可以不断看到自己的进步。

测量法指运用科学性的心理测验工具，帮助我们了解自己生理和心理状况，了解自己未知、别人也未知的部分，是一种比较科学、准确的方法。当然，只是作为一种参考，必须在专业人员指导下测验并解释结果才行，一般情况下不要随意使用心理测验。

• 认识自我的重要原则

实事求是原则
一个人对自我的认识要与自我的实际情况相符合。

01

02

全面周到原则
在进行自我探索的时候，我们既要认识自己的外在形象，又要认识自己的内在素质；既要看到自己的优点和长处，又要看到自己的缺点和不足。

发展变化原则
"士别三日，当刮目相看。"我们每个人都是在不断发展的，我们的优点和缺点不是一成不变的。因此，我们需要不断更新、不断完善对自己的认识。

03

图 3-2-1 认识自我的原则

职场活动亭 ≫

玩一玩

游戏"真我现形"

1. 组织：分小组进行，每小组不少于 5 人。

2. 道具：每人手持两份纸质材料。一份为"我眼中的我"；另一份为"我眼中的别人"。材料内容如下所示。

表 3-2-1　我眼中的"我"

姓名：　　　学号：

文雅	幽默	沟通	努力	友善	担当	细心	自信	自律	尽责

表 3-2-2　我眼中的"别人"

姓名	文雅	幽默	沟通	努力	友善	担当	细心	自信	自律	尽责

3. 操作。

（1）完成"我眼中的'我'"。

第一步：请认真查看表 3-2-1 表格中 10 个方面的要素；

第二步：就每一个要素将自己在本小组同学中的排位进行评价。比如，小组由 6 名同学组成，认为自己"细心"这个要素在 6 名同学中可以排名第一，就在"细心"下方对应的表格中写上"1"字样，逐一完成自我 10 个要素在本组中的排位评价。

（2）完成"我眼中的'别人'"。

第一步：请认真查看表 3-2-2 表格中 10 个方面的要素；

第二步：将本小组所有同学的姓名按统一顺序写在左侧"姓名"栏，就每一个要素，对本小组其他几位同学在小组内的排位进行评价。比如，张三同学的"努力"这个要素，你认为他在本小组内排名第三，就在张三同学"努力"这个词对应的表格中写上"3"，逐一完成本小组其他几位同学 10 个要素的排位评价。

第三步：将本小组所有成员的道具"2"收齐汇总，算出每名成员每个要素在"我眼中的'别人'"中的平均排位。

（3）将每位同学手中的"我眼中的'我'"和"我眼中的'别人'"两个表格的 10 要素排位进行对比，谈谈从"排位对比"中你感受到什么呢？请踊跃发言吧！

学一学

我们对自我的评价和他人对我们的评价并不完全一致，甚至可能相去甚远。要得出对自我更为科学、客观、公正的评价，我们还必须学习科学的自我认知方法。让我们一起去"职场加油站"中学一学"认识自我的科学方法"有哪些吧！

做一做

根据"职场加油站"中认识自我的科学方法的介绍，从中选择 1~2 种方法进行一次自我探索吧！

1. 自省法

请以自己最近在学习、生活中的自我状态为例，反思自己哪些地方应该改进，请把想到的内容写在下方横线上。

_____

_____

2. 镜像法

请以"老师眼中的我""同学眼中的我""父母眼中的我""朋友眼中的我"等为题，向老师、同学、家长、朋友征求对你的看法，并将他们认为的你的优点、不足写在下方横线上。

例：父母眼中的我

优点：_____

_____

不足：_____

_____

3. 比较法

将自己的现在与过去比较：

进步的方面：_____

_____

退步的方面：_____

_____

将自己的现在与好朋友的现在比较：

我的优点：_____

_____

他的优点：_____

_____

我的不足：_____

_____

他的不足：_____

_____

4. 测量法

以下是才储网（APESK）的一些比较科学的心理测验，请根据自己的兴趣选择1~2

项内容进行测试、评估。在测试时，情绪尽量处于平静沉着的状态并且尽量快速作答，过分紧张、激动，或对某事物有极强的爱或恶，或思索太多、太久，都可能会影响测评的客观性哟！

测评项目：自我和谐量表、羞怯量表、MBTI职业性格测试（专业版）、卡特尔16PF测试、霍兰德职业兴趣测试、人际信任量表、UCLA孤独量表、艾森克人格问卷（EPQ）、焦虑自评量表、汉密顿抑郁量表、PDP测试、自尊量表、逆商指数测评、瑞文智力测试、PSTR心理压力测试、总体幸福感量表等。

以上测评项目仅供参考，具体网址见才储网：https://www.apesk.com/xinliceshi/

辩一辩

通过今天专门的学习和深入的探索，是否对自己有了一个全面深刻的认识了呢？以后的日子中还需要进行认识自我的探索吗？请按照"需要"和"不需要"两种答案分成正方和反方开展辩论吧！

探索对自我的认识不是一蹴而就的事情，在不同阶段、不同事项上进行自我认知所需要的方法是不一样的，需要我们本着实事求是的原则，全方位、多角度、不停滞地进行，方能收获一个"真实的自我"。让我们坚持选用正确的方法、遵循科学的原则去认识自己，让自我探索永远在路上！

职场放松屋 >>

→ 佛塔里的老鼠

一只到处游荡的老鼠在佛塔顶上安了家。佛塔里的生活实在是幸福极了，它既可以在各层之间随意穿越，又可以享受到丰富的供品，甚至还享有别人所无法想象的特权：那些不为人知的秘笈，它可以随意咀嚼；人们不敢正视的佛像，它可以在上面自由闲逛，兴起之时甚至可以在佛像头上留些排泄物。

每当善男信女烧香叩头的时候，这只老鼠总是看着那令人陶醉的烟气慢慢升起，然后猛抽着鼻子，心中暗笑："可笑的人类，膝盖竟然这样柔软，说跪就跪下了！"

有一天，一只饿极了的野猫闯了进来，一把将老鼠抓住。

"你不能吃我！你应该向我跪拜！我代表着佛！"这位"高贵的俘虏"抗议道。

"人们向你跪拜，只是因为你所占的位置，不是因为你！"野猫讥讽道。

然后，野猫像掰开一个汉堡包那样把老鼠撕成了两半。

——摘编自赵强编：《离开公司你什么都不是》，北京，北京出版社，2010。

职场通关廊 》

请在下方符合自己情况的问题后面的括号内画"√"。

1. 要进行自我认知，应该采用多种方法。（　　）

2. 我对自己的优点和特长都比较了解。（　　）

3. 我感觉自己活得很真实，没有戴上虚假的面具。（　　）

4. 我不自怨自艾，轻易自卑。（　　）

5. 我不再为了迁就别人而苦恼。（　　）

6. 我会自然、真实、恰到好处地向他人表达情感。（　　）

7. 当我觉得看不清自己的时候，我会用今天学到的方法不断认识自己。（　　）

8. 我会恰当地自我展示。（　　）

9. 我会多角度、全面、客观地了解自己，正确对待别人的评价。（　　）

职场心·愿树 》

知己、知彼是人生的两大要事。选择正确的方法认识自己，才会保持率直和真诚，才会在拥有智慧时虚怀若谷。能正确认识自己，是一种智慧。

在以后的生活与工作中，你打算如何更好地认识自我呢？请把自己的想法写在下方吧！

＿＿＿＿＿＿＿＿＿＿＿＿＿＿＿＿＿＿＿＿＿＿＿

＿＿＿＿＿＿＿＿＿＿＿＿＿＿＿＿＿＿＿＿＿＿＿

＿＿＿＿＿＿＿＿＿＿＿＿＿＿＿＿＿＿＿＿＿＿＿

＿＿＿＿＿＿＿＿＿＿＿＿＿＿＿＿＿＿＿＿＿＿＿

＿＿＿＿＿＿＿＿＿＿＿＿＿＿＿＿＿＿＿＿＿＿＿

职场拾贝苑 >>

请将你在本节课学习、活动中的收获、体会和成长记录下来吧！

收获：＿＿＿＿＿＿＿＿＿＿＿＿＿＿＿＿＿＿＿＿＿

＿＿＿＿＿＿＿＿＿＿＿＿＿＿＿＿＿＿＿＿＿＿＿＿＿

体会：＿＿＿＿＿＿＿＿＿＿＿＿＿＿＿＿＿＿＿＿＿

＿＿＿＿＿＿＿＿＿＿＿＿＿＿＿＿＿＿＿＿＿＿＿＿＿

成长：＿＿＿＿＿＿＿＿＿＿＿＿＿＿＿＿＿＿＿＿＿

＿＿＿＿＿＿＿＿＿＿＿＿＿＿＿＿＿＿＿＿＿＿＿＿＿

专题三　正视缺点　悦纳自我

职场启迪堂

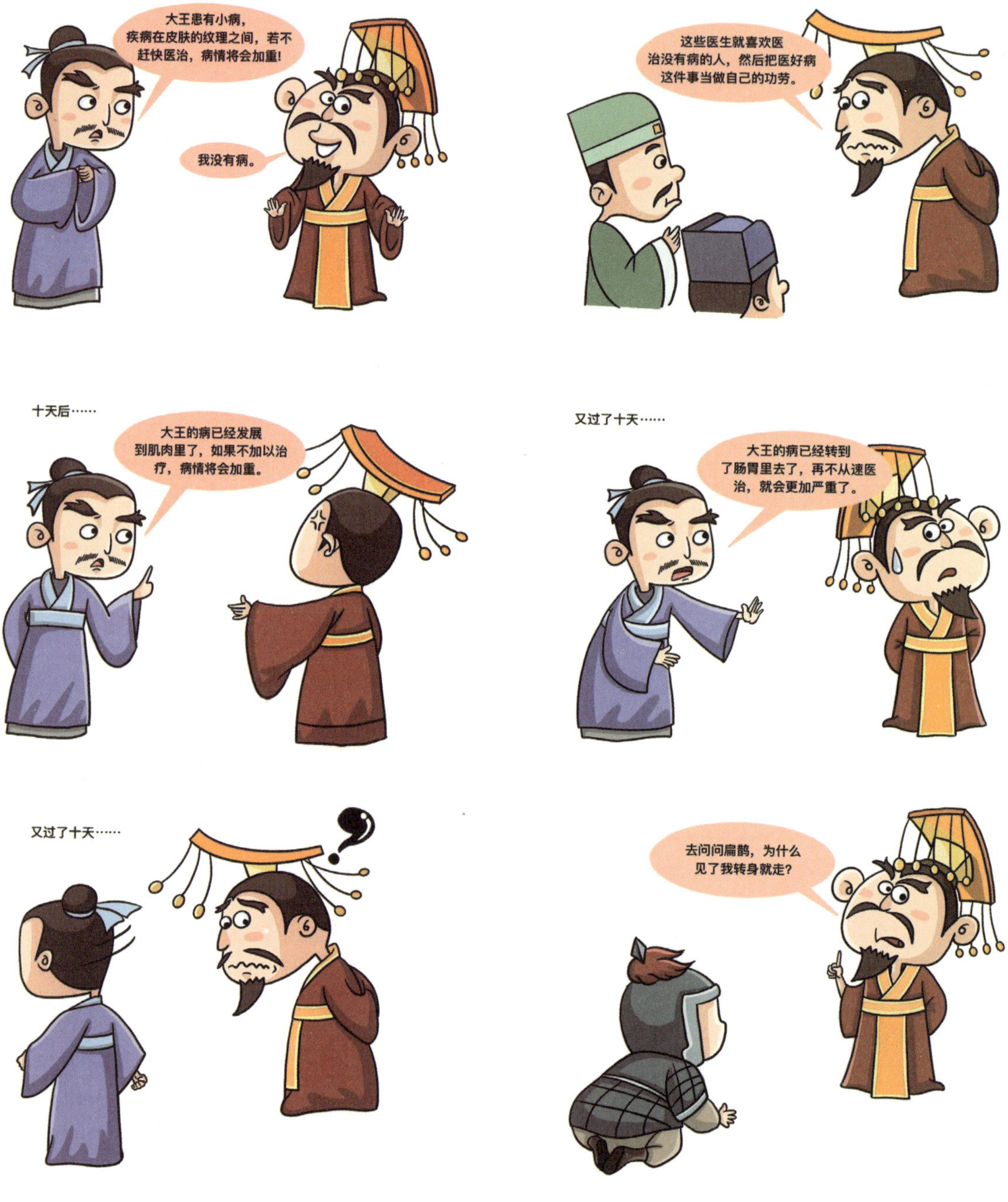

不久，桓公便薨了……

病在皮肤的纹理处，用布包热敷在患处可以达到治疗效果；病在肌肤，用针或石针刺穴位可以治好；病在肠胃，服用汤药就可以治愈。如果是病入骨髓，那就不再是医生有办法挽回的事情了。现在桓公的病已经深入骨髓，我也无法替他医治了。

春秋时期，名医扁鹊去见蔡桓公，他在旁边端详了一会儿蔡桓公的气色说："大王患有小病，疾病在皮肤的纹理之间，若不赶快医治，病情将会加重！"桓公听了笑着说："我没有病。"待扁鹊走后，桓公不无挖苦地对左右说："这些医生就喜欢医治没有病的人，然后把医好病这件事当作自己的功劳。"过了十天，扁鹊又去拜见桓公，对桓公说："大王的病已经发展到肌肉里了，如果不加以治疗，病情将还会加重。"桓公还是没有理睬，扁鹊走了以后，桓公对此非常不高兴。又过了十天，扁鹊去拜见桓公，对桓公说："大王的病已经转到了肠胃里去了，再不从速医治，就会更加严重了。"桓公仍旧没有理睬。又过了十天，扁鹊去见桓公时，只看了桓公一眼便转身就走。听惯了扁鹊那一套的桓公觉得很奇怪，于是派使者去问扁鹊缘故。扁鹊对使者说："病在皮肤的纹理处，用布包热药敷在患处可以达到治疗效果；病在肌肤，用针或石针刺穴位可以治好；病在肠胃，服用汤药就可以治愈。如果是病入骨髓，那就不再是医生有办法挽回的事情了。现在桓公的病已经深入骨髓，我也无法替他医治了。"五天以后，桓公浑身疼痛，赶忙派人去请扁鹊，扁鹊早已逃到了秦国，桓公不久就薨了。

——摘编自张松辉、张景译注：《韩非子译注》，上海，上海三联书店，2018。

人食五谷生百病，生病是难免的事，我们不必讳疾忌医。只要及时发现病因，并采取有效的治疗措施，在日常生活中积极强身健体，就能健健康康地生活。做人也是同样的道理，有缺点是很正常的事，几乎人人都会有各种不同的缺点。只要我们敏锐地发现自己的缺点，并勇敢地面对它，正确地看待它，我们就有机会改变它。悦纳自己就是改变的开始！

职场加油站 »

◦ 缺点的含义

缺点指欠缺或不完善的地方，跟优点相对。缺点是与同类事物做比较后得出的结论。

◦ 正视缺点的方法

正视不足，接受不能改变的。 金无足赤，人无完人。世界上没有十全十美的人和事，我们不必为自己的不完美而自卑，不必因自己在某些方面不如别人而垂头丧气，也不必把缺点放得过大，给自己贴一些消极的标签。不拿自己的短处与别人的长处比较，要学会看到自己的缺点和短处，并接受自己的短处。

找寻方法，改变能够改变的。 我们的缺点一大部分不是与生俱来的，而是后来在学习与生活中养成的，如习惯差、性格不好等，这些是我们可以通过找到问题的症结所在，然后运用正确的方法去改进的。因此，对于能够改变的缺点，我们要努力找寻方法并尽力做出改变。

善于转换，看到缺点背后隐藏的优点。 不活泼的人或许善于静心，不聪明的人或许更能脚踏实地……一些缺点的背后可能隐藏的是优点。因此，我们要善于全面看待问题，既要看到不足的一面，也要看到不足背后可能潜藏的优点，并将其加以充分地利用和挖掘。

放大优势，弥补缺点带来的遗憾。 有一些缺点，如外貌丑陋、身材差、声音难听等，是与生俱来的、很难改变的缺点。对此，我们可以通过发挥我们的优势，让优点大放异彩，进而弥补缺点带来的遗憾。

❯ 悦纳自我的含义

悦纳自我是指个体对自身具有的特点持一种积极的态度，即愉快地接受自己，肯定自己的价值。

❯ 悦纳自我的表现

悦纳自我要求认同自己现在的角色，敢于正视自己的一切方面，既能看到自己的优点，同时更要坦然面对自身存在的不足、弱点、缺陷甚至错误，不苛求自己，能按自己的能力水平确定发展方向。

善于发现自己身上的闪光点。充分肯定自己，肯定自己的长处，充分认识和不断挖掘自己的潜力，对自己的未来充满信心。当然悦纳自我不是自我满足、自以为是、孤芳自赏。悦纳自我的人喜欢自己，是因为他们认识到自己是独一无二的，自己是有价值的，自己的生活是有意义、有趣味的；他们投身于每天的学习、工作、生活中，并感受到其中的乐趣。

坦然接受自己的缺点。对自己的缺点和不足也要有充分的认识，坦然接受自己的缺点，正视自己的短处。世界上不存在完美的人，任何人都有缺点和不足，关键是如何看待它、接受它、改变它。

❯ 悦纳自我的层次

真正地悦纳自我要做到以下三个层次：接受自己的全部，无论优点还是缺点；无条件地接受自己，无论自己是否做错事；喜欢自己，肯定自己的价值，有愉悦感，有满足感。

◆▶ 悦纳自我的作用

能否悦纳自我是衡量一个人心理是否积极、健康的重要指标，是自己能否变得自信、实现自我超越的重要前提。悦纳自我的作用体现在以下几个方面。

只有悦纳自我，才能专注于问题的解决；只有悦纳自我，才能督促自己不断努力，面对困难也不放弃；只有悦纳自我，才能时刻有喜悦感、成就感；只有悦纳自我，才能让自己更喜欢自己，变得更加自信；只有悦纳自我，用心去爱自己，愉快地与自己相处，生命才能激发出神奇的力量。

职场活动亭 ≫

演一演

1. 4名同学表演"职场启迪堂"故事，即分别扮演蔡桓公、扁鹊、使者和旁白人员。

2. 观看剧情并思考：如果你是蔡桓公，当你的身体还没有出现明显症状的时候，听扁鹊再三地告知病情，你心里会是什么感受？你又会怎么办呢？

3. 分享自己的观点。

晒一晒

如果把蔡桓公的疾病理解为我们每个人身上的缺点、不足，那我们自己有哪些缺点呢？又是否敢于正视自己的缺点呢？让我们一起勇敢地晒晒它们吧！

我的主要缺点的具体表现是 _____。

它属于（ A. 外在形象 B. 兴趣爱好 C. 身体素质 D. 学习习惯 E. 思想品行 F. 做事能力 G. 不良嗜好 H. 其他 _____ 方面的，属于 _____（ A. 先天与生俱来的 B. 后天习得形成的 ）。

它对我的学习、生活 _____（有或无）影响。如果有，造成的主要影响是 ____

_____。

面对这个缺点，我的心情是 _____（无所谓 / 沮丧等）。

对于这个缺点，过去我的主要态度是 _____（排斥 / 接纳）。

辩一辩

我们该排斥还是接纳自己身上的缺点呢？排斥与接纳会有什么不一样的结果呢？让我们一起进入辩论时光，开启舌战之旅吧！

舌战之旅：根据"晒一晒"活动中对于缺点的过去态度，全班同学分成排斥和接纳两个战队。两个战队负责一个方面问题的阐述，观点既多又新的战队将被授予"金牌战队"的奖牌。

读一读

1. 缺点并不可怕，可怕的是不能正视缺点，缺点不等同于愚蠢和失败。不断地自我反省、正视缺点，是悦纳自我的首要前提。那么，什么是悦纳自我，为什么要悦纳自我呢？去"职场加油站"找找吧。

2. 能够正视自己的缺点与不足相对容易，但要真正做到悦纳却不是一件容易的事，尤其是对于一些自己无法或难以改变的缺点。请阅读"职场放松屋"中《残疾人博士画家黄美廉》的故事，说说故事的主人公是否做到了对自己缺点和不足的悦纳，你是从哪些地方看出来的，这个故事对你有什么样的启示？

3. 悦纳自我能在我们的成长中发挥哪些作用呢？请到"职场加油站"看看吧。

4. 请朗读"职场放松屋"中《"点"的自述》，并分享读后感。

做一做

正视缺点与不足，目的在于接纳与改进。对于不同的缺点与不足，我们可以用哪些方式去迎战它呢？请阅读以下案例，对照"职场加油站"中"悦纳自我的方法"，判断每个案例中使用了哪种办法。

1. 林肯是美国历史上的著名总统之一。由于他的相貌很丑陋，常常被政敌所讥笑。有一天，他的一位政敌遇到他，开口骂道："你长得太丑陋了，简直让人不堪入目。"林肯微笑着对他说："先生，你应该感到荣幸，你将因为骂一位伟大的人物而被人们所认识。"

这种方法是 _____。

2. 虽然我不爱说话，但是我可以做一个很好的倾听者。

这种方法是 _____。

3. 那年，鲁迅的父亲生了病，躺在床上。鲁迅一面上书塾，一面要帮做家务，天天奔走于当铺和药铺之间。有一天早晨，鲁迅上学迟到了，素以品行方正、教书认真著称的寿镜吾老先生严厉地说了这样一句话："以后要早到！"鲁迅听了没有说什么，默默地回到座位上。他在书桌上轻轻地刻了一个小小的"早"字。从那以后，鲁迅上学就再也没有迟到过，而且时时早，事事早，奋斗了一生。

这种方法是 _____。

4. 小 A 小时候有着强烈的当空姐的梦想，但当她快 18 岁时，身高还不到 160 厘米，于是她打算放弃蓝天梦，争取做一名优秀的列车乘务员或会务接待员。

这种方法是 _____。

5. 亚里士多德的沟通能力有障碍，但他成了一位内省力很高的哲学家；凡·高受情绪困扰，但他最终成了一位优秀的画家；孙膑腿有残疾，但他成了中国古代杰出的军事家；罗斯福的下肢残疾，但他却带领美国人赢得了在第二次世界大战中的胜利；洛克菲勒有学习障碍，但他最终成了美国的石油大王。

这种方法是 _____。

试一试

1. 学习了别人的方法，我们又该怎样应对自己的缺点与不足呢？让我们进入"职场通关廊"，完成相关活动吧。

2. 分享活动后的感受。

每个人，不管他的成就多么辉煌，名望多么高，在他身上，都或多或少地存在一些缺点。当清楚地了解到自己的不足时，躺在床上默想自己比不上别人，或为自己没有办某些事的能力而忧虑，都是对自己生命的一种浪费。

此时，我们需要做的事情是制定自己的目标，把精力花在改进自己的缺点上，避免让缺点和不足成为我们成长路上的绊脚石，而不是对着自己的缺点哀叹、悲伤。

当然，虽然有些缺点可以改进，但不代表每个人身上的缺点都能改掉或消灭。我们要把自己的目光集中在自己的优势和长处上，发展自己的特性，改进能够改进的缺点，发展能够发展的优点，这才是我们正确的选择。

职场放松屋 »

» 残疾人博士画家黄美廉

黄美廉从小就患有脑麻痹，并被病魔夺走了肢体平衡感。她只能仰着头，脖子伸得长长的，与尖尖的下巴几乎扯成一条直线，连说话的能力也失去了。她从小就活在外人的异样眼光中，然而，就是这样一个在不幸之中长大的姑娘，最终获得加州大学艺术博士学位。她画出了很多精美的画作，以色彩告诉人们"宇宙之力与美"，努力活出了生命的色彩。

在一次演讲中，学生们被她不能控制自己的肢体语言震惊了。有个学生问她："黄博士，你从小就长成这个样子，请问你如何看待自己？"很多人都在心里一紧，为她捏了一把汗。然而，这个姑娘在黑板上重重地写下了一行字："我怎么看自己？"字体潇洒。写完后，她嫣然一笑。然后又在黑板上写了起来：

"我很可爱！

我的腿很长很美！

爸爸妈妈爱我！

我会画画，还会写稿！"

忽然，教室里鸦雀无声。她又在黑板上写下结论："我只看我所有的，不看我没有的。"台下发出雷鸣般的掌声。台上的黄美廉抱着倾斜的身子，笑得更灿烂了，她的眼睛眯成了一条线，无法被打垮的傲然，从她坚定的脸上透了出来。

正是黄美廉懂得悦纳自我，才活出了令人景仰的自信与坦然。

一个人如果连自己都不悦纳，那他也很难去悦纳他人，他对世界的看法多半是消极的、悲观的，他人生的天空多半是灰暗的。无论什么时候，我们都不要讨厌自己，哪怕对于那些已经成为无法更改的客观现实，与其整天抱怨苦恼，还不如坦然地悦纳自我，以积极、赞赏的态度来接受自己，这才是最好的办法之一。

"点"的自述

白瑞兰

我是一个"点"，曾为自己的渺小而难堪；

对着庞大的宏观世界，只有闭上失望的双眼。

经过一位数学教师的启发，我有了一个新的发现：

两个"点"，可以确定一条直线，

三个"点"，能构成一个"三角"，

无数个"点"，组成圆的"金环"。

我是一个"点"，"点"是我的名片。

我也有自己的半径，我也有对着的圆点。

不信，从月球上看地球，也有宇宙间渺小的雀斑。

我欣喜，我狂欢！

谁没有自己的位置？

不！你的价值在闪光，

只是，你还没有发现！

——摘编自楚华、志良：《青少年诗文朗诵指要》，西安，陕西人民出版社，1991。

职场通关廊 ≫

针对已经分析出来的自身存在的缺点与不足，请你制定相应的改进办法。

1. 对于我的 ＿＿＿＿＿＿＿＿＿ 缺点，我打算以 ＿＿＿＿＿＿＿＿ 的方法来应对，我制定的具体举措如下：

＿＿＿＿＿＿＿＿＿＿＿＿＿＿＿＿＿＿＿＿＿＿＿＿＿＿＿＿＿＿＿＿＿＿＿

＿＿＿＿＿＿＿＿＿＿＿＿＿＿＿＿＿＿＿＿＿＿＿＿＿＿＿＿＿＿＿＿＿＿＿

＿＿＿＿＿＿＿＿＿＿＿＿＿＿＿＿＿＿＿＿＿＿＿＿＿＿＿＿＿＿＿＿＿＿＿

2. 运用"转换法"，看看每一个缺点可能隐藏着什么优点。请按照"示例"完成后面表格空白处的填写。

我就是我，做更好的我

虽然我＿＿＿个子不高＿＿＿，但是我可以＿＿抬头挺胸，笑迎他人＿＿；

虽然我＿＿＿不爱说话＿＿＿，但是我可以＿＿做一个很好的倾听者＿＿；

虽然我＿＿＿＿＿＿＿＿＿，但是我可以＿＿＿＿＿＿＿＿＿＿＿；

虽然我＿＿＿＿＿＿＿＿＿，但是我可以＿＿＿＿＿＿＿＿＿＿＿；

虽然我＿＿＿＿＿＿＿＿＿，但是我可以＿＿＿＿＿＿＿＿＿＿＿；

虽然我＿＿＿＿＿＿＿＿＿，但是我可以＿＿＿＿＿＿＿＿＿＿＿。

职场心·愿树 ≫

当我们开始正视自己，发现自己不足并做出改变时，已经成功了一大半，剩下的唯有坚持而已。

请根据本节课学习的知识，对照自己存在的不足与缺点，想想自己真正能够面对自己的缺点、真正做到悦纳自己后的生活状态。请把自己的想象写在下方图框中吧。

_____

_____

_____

_____

_____

职场拾贝苑 »

亲爱的同学，请将你在本节课学习、活动中的收获、体会和成长记录下来吧！

收获：_____

_____

体会：_____

_____

成长：_____

_____

职场启迪堂 >>

哈里是一只小兔子，可它却长着一双大脚。

它不理解地问爷爷："爷爷，为什么我有一双这么大的脚呢？"

爷爷微笑着说："所有的兔子都有大脚啊。小哈里，让我来告诉你为什么吧！"

爷爷跳起来，它被弹到了高高的天上。哈里也学着爷爷的样子跳，它跳得不高，样子也很笨，不过，慢慢地，它跳得越来越高，越来越好，直到它能像爷爷一样弹起来，弹到了天上……

然后爷爷带着哈里跳呀，跳呀，一直跳到了山顶上！

爷爷说："用你的大脚，甚至能跳到世界之巅！"

"看看鸟儿飞去了哪里，还有风轻轻挠你的胡子。"

爷爷给哈里一一展示大脚的用处。

比如，天热的时候怎样用大脚在地上挖一个凉快的用来休息的洞。

它们尽情伸展开身体，整个长长的、懒洋洋的下午都在倾听身边的虫子嗡嗡嘤嘤地歌唱。

"爷爷，快看！"哈里说，"我的脚能挡住太阳了！"

每天哈利都能学到更多的东西！

一只狼靠近了。"你的脚的最大用处是帮你逃跑，飞快地跑！"爷爷轻声地说。

于是，哈里跑啊跑，它的脚很有弹性，它的脚拉得很直，它跑得越来越快，尽可能地快。

哈里跑啊、跳啊，它越过小河，跳过草地，用它那大大的很有力气的脚，用它那双能带它到世界尽头的大脚。

当然，它的大脚还会把它带回家来。

——摘编自［英］凯瑟琳·瑞娜：《哈里的大脚》，见余丽琼、周翔主编：《东方娃娃》，南京，江苏凤凰少年儿童出版社，2009。

我们的身上有"兔子的大脚"吗？我们应该如何去发现我们的"大脚"，又应该如何在"大脚"的陪伴下走好我们的人生之路呢？

职场加油站 ≫

⟶ 优点的含义

优点指的是人的长处、好的地方，是与缺点相对的概念，也可以指事物实用或者好的方面。

⟶ 优点透视方法

说起优点，很多人会说自己没有，也有人认为，要找到自己的优点很难。《大学》开篇讲教育三件事："大学之道，在明明德，在亲民，在止于至善。"明明德是什么？每个人与生俱来的，是向善求美、积极向上的品德。光明的品德叫明德，明明德就是把光明的品德想明白、看明白、说明白、写明白。怎么样才能做到明明德呢？

自我反思找优点。我们要善于从自己的人生经历中发现优点。我们可以细细回想，从我们懂事起，每天都面临着大大小小不同的困难，在克服这些困难的过程中，我们展示了自己哪些方面的优点。经过慎重的反思，我们终将发现，我们并非没有优点，我们只是缺乏发现优点的勇气和认可自己优点的习惯。

躬身实践找优点。我们可以在实践中去找出自己的优点。要勇于挑战困难，从挑战困难的实践中获取成就感，发现自己的长处和优点。在实践中产生的成就感和在实践中发现、认可的优点更能激发我们探索的激情，树立积极正面的良好心态。

依据评价找优点。我们要学会在别人对我们的正面评价中发现自己的优点。有时候，自己难以发现的优点，他人可以帮助我们发现。要留意别人对我们的评价，其中不乏对我们的赞美和肯定。想办法把它强化，并注意戒骄戒躁。这样，我们就会发现自己并不是一个一无是处的人。

◆ 优点培育秘籍

发掘优点。有的人把优点发挥得淋漓尽致，而有的人却将其隐于心间。不要认为自己没有优点，留心观察，一定会发现优点所在。比如，由于学习基础等各方面的原因，有的同学可能很多科目都不是能听得太懂，但还是会天天坚持认真听讲；有的同学每次考试都不太好，虽屡考屡败，但还能屡败屡考。你是否能发现这其中隐藏着的优点呢？这不正是我们顽强的意志力和抗挫折能力的充分体现吗？要看重自己，要善于从一切事物中去挖掘自己的优点，不向困难低头，为自己鼓劲儿。只要坚持不懈，我们一定能发现并培育出优点，并在优点的陪伴下走出一条属于我们的成功之路。

珍惜优点。哪怕我们的优点很少，我们都要珍惜它。不要因我们的优点太少而垂头丧气，要让自己为拥有的这一优点而感到自豪。例如，具有表演的天赋，也是一个优点，喜剧演员正是因此而演出一部部优秀的作品。

展示优点。对于发现的长处、优点，一方面要做好随时利用的准备，另一方面还要考虑如何利用它创造更好的结果。有长处、优点就要大胆展示，不要有太多的顾虑，要保持良好积极的心态，主动策划自己的人生道路。要和优点一同并肩战斗，攻克成功之路上的困难，让自己在战斗的磨炼中更加顽强。在成功的道路上，我们不会孤寂，优点将永远追随、陪伴着我们；面对困难时，也不要觉得束手无策，优点将成为我们的助手，帮助我们解决困难。

发展优点。优点是可以发展的，关健不在于优点本身，而在于我们对优点是否运用了它，在于我们是否努力了，在于我们是否坚持了……我们坚持从优点开始，把自己当下能行的事情做好，把自己能做对的事做得更对、更新、更精、更细。经过坚持，优点的根会越扎越深，哪怕再渺小的优点也终将连天接地，越长越大，我们的生命终将拔节生长，开花结果。

谈一谈

读"职场启迪堂"故事"哈里的大脚",谈谈你从故事中受到的启发。

_____

_____

写一写

你的优点有哪些?请用 5 分钟时间写出自己 10 个以上的优点。

_____

_____

_____

选一选

每个人都有自己的优点和长处,你是否找到了自己的优点和长处呢?请在表 3-4-1中选一选吧。

表 3-4-1 我的优点盘一盘

优点内容	符合请画"√"	优点内容	符合请画"√"	优点内容	符合请画"√"	优点内容	符合请画"√"
活泼		坚强		能言善辩		从容	
开朗		理智		细致		严于律己	
稳重		冷静		耐心		高雅	
爱劳动		浪漫		热情		机智	
友善		讲团结		认真		乐于奉献	
勤俭		有气质		勤奋		善解人意	

优点内容	符合请画"√"	优点内容	符合请画"√"	优点内容	符合请画"√"	优点内容	符合请画"√"
大方		有才华		诚信		有特长	
有智慧		漂亮		无私		健康	
有毅力		可爱		宽容		幽默	
勇敢		心灵手巧		自信		谦让	
自信		好学		乐观		能吃苦	
能歌善舞		兢兢业业		忠诚			

注：对"优点内容"中自己符合的打"√"；如果"优点内容"未概括完自己还具有的优点，请另行补充。

通过选择，你有了什么新发现呢？

读一读

阅读"职场放松屋"中的故事，并分享你获得的启示。

_____

_____

_____

_____

_____

_____

玩一玩

为什么要发现和培育优点呢？优点对我们有什么价值和意义呢？

1. 请去"职场通关廊"完成挑战任务，在完成任务的时候感受一下优点对他们的价值吧！

2. 对于我们来说，我们的优点曾经帮助我们实现过哪些方面的成长？请根据自己的情况，以"我的什么优点，曾帮助我怎么样？"的方式进行接龙，每个人都要谈一点哦。

示例："我的能歌善舞的优点，曾帮助我在参加学前教育专业面试中脱颖而出。"

请开始往下接龙吧！

填一填

发现并培育优点对我们的成长和发展具有非常积极的意义，可以为我们实现梦想助上一臂之力呢！但是优点有一个非常大的敌人那就是"骄傲"。切记不能骄傲自满、坐吃山空、挥霍一空哦！我们需要想办法保持并发扬我们的优点，我们应该怎么做呢？去"职场心愿树"填一填吧。

职场放松屋 ≫

➡ 独臂柔道冠军

有一个小男孩很喜欢柔道，一位著名的柔道大师答应收他为徒。然而，还没有来得及开始学习，小男孩就在一次车祸中失去了左臂。那位柔道大师找到小男孩，说："只要你想学，我依然会收你做徒弟的。"于是，小男孩在伤好后，就开始学习柔道。

小男孩知道自己的条件不如别人，学得格外认真。三个月过去了，大师只教了他一招，小男孩感到很纳闷，但他相信大师这样做一定有自己的道理。又过了三个月，大师反反复复教的还是这一招，小男孩终于忍不住了，他问大师："我是不是该学学别的招术？"大师回答说："你只要把这一招真正学好就够了。"

再过了三个月，大师带小男孩去参加全国柔道大赛。当裁判宣布小男孩是本次大赛的冠军时，他自己都觉得不可思议。只有一条手臂的他，第一次参赛就以唯一的一招打败了所有的对手。回家的路上，小男孩疑惑地问大师："我怎么会以一招得了冠军呢？"大师答道："有两个原因：第一，你学会的这一招是柔道中最难的一招；第二，对付这一招的唯一办法是抓你的左臂。"

——摘编自王玉强、幸兴:《思维源聪明屋:采撷哲思》,海口,南方出版社,2007。

职场通关廊 »

下面的故事反映了故事主人翁哪方面的优点呢?请在题目后方的横线上写出来吧!

1. 数学家笛卡尔常常想为什么自古以来代数和几何一直分而不合呢?能不能用某种形式,在这两者间建立某种联系呢?经过不懈的探索,他终于如愿以偿,发明了笛卡尔坐标系即直角坐标系。

是 _____ 优点成就了笛卡尔的数学研究事业。

2. 一次,林肯的一个决策引起一议员的不满,议员说:"你不应该试图和那些人交朋友,而应该消灭他们。"林肯微笑着回答:"当他们变成我的朋友,难道我不正是在消灭我的敌人吗?"

这段对话体现了林肯的 _____ 优点。

3. 越国勾践君臣在吴国为奴三年,饱受屈辱。勾践暗中训练精兵,每天晚上睡觉不用褥,只铺些柴草,又在屋里挂了一只苦胆,他会时不时尝尝苦胆的味道,最终励精图治,成功复国,越王勾践亦成为春秋时期最后一个霸主。

越王勾践的行为体现他的 _____ 优点。

职场心·愿树 »

你的优点主要有哪些?你打算用哪些方法来保持并发扬这些优点呢?请把你的想法写一写吧,写得越多越好。

我就是我，做更好的我

即使我_____身体较好（优点）_____，

我也要_____坚持锻炼_____；

即使我_____做事积极主动_____，

我也要____脚踏实地地做好每一件事____；

即使我_____，

我也要_____；

即使我_____，

我也要_____；

即使我_____，

我也要_____；

即使我_____，

我也要_____。

职场拾贝苑 ≫

亲爱的同学，请将你在本节课学习、活动中的收获、体会和成长记录下来吧！

收获：_____

_____

体会：_____

_____

成长：_____

_____

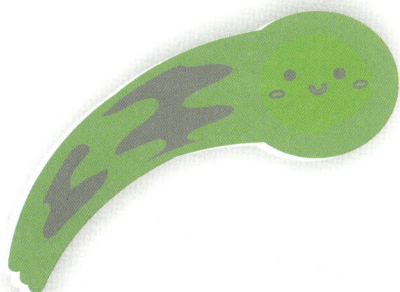

第四单元 >> 规划学习

职场启迪堂 »

18岁时的雷军（小米创始人）

我也想在中国创办一家世界一流的公司。

20世纪七八十年代硅谷的英雄创业故事

我应该如何才能够实现我的目标呢？目标不应定得过高。我先在大学阶段从脚下的学习开始规划，要在两年内完成所有的大学课程。

两年内修完了所有的课程。

之后，每隔五年，他都会为自己的人生重新设定一个切实可行的规划，并且想好这样的事情应该如何去做。最终，他用自己的努力一点一点地实现了梦想。

看五年，想三年，认真做好一两年。

　　"看五年，想三年，认真做好一两年。"这是北京小米科技有限责任公司创始人雷军最基本的人生信条。

　　在他 18 岁的时候，他看了一本叫《硅谷之火》的书。这本书讲述的是 20 世纪七八十年代硅谷的英雄创业故事。在看完这本书之后，他也准备创办一家世界一流的公司。他一直都在思索，如何才能实现这一目标。经过一番思索后，雷军决定从现在开始，认真规划学习，为目标的实现打下坚实的基础。于是，他给自己设定了一个目标——要在两年内完成所有的大学课程。经过自己的努力，结果他真的在两年之内修完了所有的课程。

之后，每隔五年，他都会为自己的人生重新设定一个切实可行的规划，并且想好这样的事情应该如何去做。最终，他用自己的努力一点一点地接近梦想，并创办了北京小米科技有限责任公司。

——摘编自孙涛、王丽：《大学生活启思录》，武汉，华中科技大学出版社，2013。

雷军在18岁的时候就为自己规划大学的学习，最终通过踏实的学习获得了扎实的知识和技能，为实现梦想奠定了最坚实的基础。同样，一个人要想取得事业成功，实现自己的人生目标，就应该先从规划学习开始。

职场加油站 》

规划学习的含义

规划学习是指学习者根据学习内容确立学习目标，围绕目标制定相应的学习措施，并在动态学习过程中进行阶段性地评估与调整，以保证学习目标得以实现的行动过程。

规划学习的意义

规划学习有利于明确学习内容；有利于增强学习目的性、计划性，减少时间的浪费；有利于激发潜能，提升个人综合能力；还有利于提升应对竞争的能力，从而帮助我们顺利实现梦想。

规划学习的内容

规划学习的内容是指学习者根据现代社会对中职人才的知识、技能、综合能力等方面的要求，依据本专业的人才培养目标，计划从哪些方面或领域进行规划。结合中职学习的特点，通常可以考虑从以下几个方面进行规划。

积累文化知识，提高文化修养。 积累深厚的文化知识是中职生可持续发展的前提。中职生的公共基础课一般包括思想政治、语文、数学、外语等。学习这些公共课程是提高中职生文化素养的主要途径。

掌握专业技能，提升专业能力。 掌握专业技能是中职生的基本任务和基本素质。中职生的专业技能一般包括专业理论知识和专业技能操作。专业知识的掌握是中职生领会、巩固和应用专业技能的前提。专业技能的提升是提高独立工作能力和创造力的基础。

提高综合能力，实现全面发展。 提高综合能力能有效实现中职生的全面发展。综合能力的发展既是社会对中职生的要求，也是中职生自身发展的需求。综合能力一般包括团队合作能力、交流沟通能力、适应变化能力、抗压耐挫能力、复合型能力、学习发展能力、实践能力、创新能力等。综合能力的提升使中职生能够符合社会职业需求，为成为优秀的职业人才做好准备。

职场活动亭 ≫

读一读

1. 阅读"职场放松屋"的故事，分享你的感受。

2. 阅读"职场启迪堂"的故事：

（1）雷军的梦想是 _____

（2）雷军实现梦想的第一步是 _____

（3）你的梦想是 _____

3. 结合这两个故事，你认为规划学习和实现梦想之间有什么联系？规划学习对我们有什么价值和意义？

想一想

1. 根据老师的指导语提示，想想自己的职高生活。

2. 分享想象中的职高生活。

3. 想象中的职高生活是你想要的吗？它能成就你的梦想吗？如果是请回答第 3 题，如果不是，请回答第 4 题。

4. 你将如何规划实现梦想？

5. 那你想要的三年职高生活是怎样的？

"职高生活幻想"
指导语

写一写

1. 思考学习应该从哪些方面来规划？

2. 请准备一张白纸，写下规划的内容。

（1）曾经对学习有过规划的同学，请写出你是从哪几个方面规划的？要达到什么样的效果？

（2）未进行学习规划的同学，从现在开始想一想你将如何规划学习？想到什么写下来。

画一画

◆ _____的规划学习树

活动流程：

1. 小组讨论：结合"职场加油站"规划学习的内容，讨论写出所学专业应该具备哪些知识、技能及综合能力。

2. 在树干中央空白处写上自己的姓名，连起来为"×××的规划学习树"。

3. 根据小组讨论的结果，结合自己对学习规划的所思所想，完成以下思维导图（大树枝规划内容大类；小树枝具体规划内容细则）。

4. 在小组内交流分享规划学习树，认真汲取小组成员的经验，对自己的规划学习树进行补充和完善。

文化知识

语文:
80分

的规划学习树

玩一玩

在"职场通关廊"的游戏中分享自己的收获感悟，激励自己向着梦想砥砺前行，在人生之路上绽放出璀璨夺目的花朵！

职场放松屋 »

美国知名企业家，拉福商贸公司总裁比尔·拉福，从小就立志做一名优秀的商人。他中学毕业后考入麻省理工学院，没有去读贸易专业，而是选择了工科专业中的机械制造专业。大学毕业后，他没有马上投入商海，而是考入芝加哥大学，攻读为期三年的经济学硕士学位。获得硕士学位后，他还是没有从事商业活动，而是考了公务员。在政府部门工作了五年后，他辞职下海经商。又过了两年，他开办了自己的商贸公司。20 年后，他的公司资产从最初的 20 万美元发展到 2 亿美元。

1994 年 10 月，比尔·拉福率团来中国进行商业考察，在北京长城饭店接受《中国青年报》记者采访时，他谈到他的成功应感激他父亲的指导，他们共同制定了一个重要的生涯规划。最终这个生涯设计方案使他功成名就。我们来看一下这个成功的简图：

工科学习→工学学士→经济学学习→经济学硕士→政府部门工作→锻炼处世能力、建立广泛的人际关系→大公司工作→熟悉商务环境→开公司→事业成功

第一阶段：工科学习

选择：中学时代，比尔·拉福就立志经商。他的父亲是洛克菲勒集团的一名高级职员，他发现儿子有商业天赋，机敏果断，敢于创新，但经历的磨难太少，没有经验，更缺乏必要的知识。于是，父子俩进行了一次长谈，并描绘出职业生涯的蓝图。因此，升学时他没有像其他人一样直接去读贸易专业，而是选择了工科中的机械制造专业。

评析：做商贸必须具备一定的专业知识。在商品贸易中，工业品占多数，不了解产品的性能、生产制造情况，就很难保证在贸易中得到收益。工科学习不仅是知识技能的培养，而且有助于建立一套严谨求实的思维体系。清楚的推理分析能力，脚踏实地的工作态度，正是经商所需要的。

收获：比尔·拉福在麻省理工学院的四年，除了本专业，还广泛接触了其他课程，如化工、建筑、电子等，这些知识在他后来的商业活动中发挥了举足轻重的作用。

第二阶段：经济学学习

选择：大学毕业后，比尔·拉福没有立即进入商海而是考进芝加哥大学，开始了为期三年的经济学硕士课程。

评析：在市场经济下，一切经济活动都通过商业活动来实现的，不了解经济规律，不学习经济学知识，很难在商场立足。

收获：比尔·拉福掌握了经济学的基本知识，摸清了影响商业活动的众多因素，还认真学习了有关法律和微观经济活动的管理知识。几年下来，他对会计、财务管理也较为精通，在知识上已完全具备了经商的素质。

第三阶段：政府部门工作

选择：比尔·拉福拿到经济学硕士学位后考取了公务员，在政府部门工作了五年。

评析：经商必须具备优秀的人际交往能力，要想在商业上获得成功，需要深谙处世规则，善与人交往，建立诚信合作关系。

收获：在环境的压迫下，比尔·拉福养成了强烈的自我保护意识，从热血青年成长为一名老成、处世不惊的公务员，并结识了各界人士，建立起一套关系网络，为后来的发展提供大量的信息和便利条件。

第四阶段：通用公司锻炼

选择：五年的政府工作结束之后，比尔·拉福完全具备了成功商人所需的各种素质，于是辞职下海，踏入通用公司。

评析：通过各种学习获得足够的知识，但知识要通过大量的实践锻炼才能转化为技能。

收获：在国际著名的通用公司进行锻炼，比尔·拉福不仅为实践所学的理论找到了强大的平台，而且还学习了丰富的管理经验，完成了原始的资本积累。这也是大学生创业应该借鉴的地方，除了激情还应该考虑到更多的现实。

第五阶段：自创公司，大展拳脚

选择：两年后，他已熟练掌握了商情与商务技巧，便婉言谢绝了通用公司的高薪挽留，开办了拉福商贸公司，开始了梦寐以求的商人生涯，实现多年前的计划。

评析：时机成熟后，应果断决策，切忌浪费时间，应抓住契机实现计划。

收获：比尔·拉福的准备工作，几乎考虑到了每个细节。拉福公司迅速成长，20年后，公司的资产从最初的20万美元发展为2亿美元，而比尔·拉福本人也成为一个奇迹。

比尔·拉福的生涯设计脉络清晰，步骤合理，充分考虑了个人兴趣、个人素质，并着重职业技能的培养，这种生涯设计在他坚持不懈的努力下，最终变为现实。虽然他的这套生涯方案并不完全适合每个人，但是却带给我们一个重要的信息：人生是可以设计的！只要你有信心、恒心，再加上科学的规划和设计，案例的主角也许就是明天的你。

——摘编自候士兵：《职业生涯发展与规划》，上海，上海交通大学出版社，2018。

职场通关廊 ≫

1. 主题：击鼓传花——道意义

2. 道具：鼓、音乐、花（也可以用别的现成物品代替）

3. 参加人员：全体

4. 流程：

（1）主持人指定一名同学拿花，蒙眼击鼓，鼓响传花，鼓停花止。花在谁手中，谁就是幸运者。如果花束正好在两人手中，则两人可通过猜拳或其他方式决定胜负。

（2）幸运者参照下面的内容，说一句学习需要规划或计划的名言警句、诗词或者谚语，并简略解释其含义，谈谈自己的感想（也可根据今天所学，自创座右铭）。

古人云："凡事预则立，不预则废。"

——不论做什么事，事先有准备就能获得成功，不然就会失败。

谚语：机会永远都是留给有准备的人。

——老天总是帮助那些自己尝试帮助自己的人，而不是那些坐吃山空，等天上掉馅饼的人。

本杰明·富兰克林说："世界上真不知有多少可以建功立业的人，只因为把难得的时间轻轻地放过而默默无闻。"

——每个人被赋予的时间都差不多，但不善于计划的人就会让时间悄悄溜走，一生忙忙碌碌却又无所作为。

（3）如果幸运者回答不上来，则唱一遍《我的未来不是梦》。

职场心·愿树 ≫

"书山有路勤为径，学海无涯苦作舟。"学习本是没有捷径的，如要说有，那就是做好规划，少走弯路，这便是捷径。让我们以梦为马，不负韶华！写下更多提醒自己珍惜时光、注重计划的名言警句吧！

_____

_____

_____

_____

_____

职场拾贝苑 »

亲爱的同学，请将你在本节课学习、活动中的收获、体会和成长记录下来吧！

收获：_____

_____

体会：_____

_____

成长：_____

_____

职场启迪堂 》》

调查对象：一群智力、学历、环境等条件差不多的年轻人。

调查结果：

27%的人没有目标

60%的人目标模糊

10%的人有比较清晰
的短期目标

3%的人有十分清晰
的长期目标

25年后的生活状态……

● **27%没有目标的人**
常常失业，靠社会救济维持生活，抱怨他人，抱怨社会。

● **60%目标模糊的人**
能够稳定地工作与生活，但都没有什么特别的成绩。

通过25年的跟踪调查发现，他们的生活状况与他们制定的目标有密切关系。

● **10%清晰的短期目标的人**
不断达到短期目标，生活质量稳步上升。
他们成为各行业不可缺少的专业人士，
如医生、律师、工程师、高级主管等。

● **3%有清晰的长期目标的人**
几乎都成了社会各界的成功人士、行业领袖。

哈佛大学曾有一个非常著名的调查——目标对人生的影响。调查对象是一群智力、学历、环境等条件相差无几的年轻人。结果发现：27% 的人没有目标；60% 的人目标模糊；10% 的人有比较清晰的短期目标；3% 的人有十分清晰的长期目标。通过 25 年的跟踪调查发现，他们的生活状况与他们制定的目标有密切关系。

目标群体	25 年后的生活状态
27% 没有目标的人	常常失业，靠社会救济维持生活，抱怨他人，抱怨社会
60% 目标模糊的人	能够稳定地工作与生活，但都没有什么特别的成绩
10% 清晰的短期目标的人	不断达到短期目标，生活质量稳步上升。他们成为各行业不可缺少的专业人士，如医生、律师、工程师、高级主管等
3% 有清晰的长期目标的人	几乎都成了社会各界的成功人士、行业领袖

——摘编自任宪宝：《活在路上》，合肥，黄山书社，2011。

从哈佛大学的这项调查中，我们不难发现，有无目标和有无清晰的长期目标，其未来的生活状态是截然不同的。对青少年而言，学会学习目标的制定就是打开未来美好生活的第一步，制定清晰明确的学习目标是敲开人生之门的钥匙。

职场加油站 »

◆ 学习目标的含义

学习目标是指个人根据学习的任务和目的，确定在未来一定时期内在学业上所要达到的预期目标或成果。

◂▸ 学习目标的作用

导向作用。目标能把学习活动引向学习者所要求的方向，产生所期望的学习效果。目标的导向作用就是要为学习活动的开展，指明正确的方向，保证学习活动不偏离预定的轨道，取得预期的效果。

激励作用。学习目标能够激发学习者的学习热情和献身精神，鼓励他们奋发上进。学习目标有长远目标和阶段目标之分。一个人有了学习目标，就有了拼搏向上的动力。学习目标的激励作用具体表现在：第一，学习目标能使人认清未来的发展前景，增强信心；第二，学习目标能使人产生成就感，从中看到个人价值实现的方向，形成一种激发力量；第三，学习目标要经过努力才能取得成果。在目标实现过程中，会遇上各种各样的障碍和困难，这些困难和障碍是对意志和毅力的考验和挑战，而学习目标能够把人们内在的潜力充分激发出来去战胜困难、克服障碍。

评价作用。学习目标具有双重性，它既是学习活动的起点，又是学习活动的终点，它伴随学习活动的全过程，自始至终发挥着重要作用。学习目标作为学习活动的起点，它是学习活动各个环节、各个步骤选择和安排的直接依据；作为学习活动的终点，它是评价学习活动效果的标准，标志着学习活动取得的成绩。建立明确的学习目标，有助于学生不断地对自己的学习情况进行反思和评价，以便及时总结自己的成绩，发现问题，纠正错误，调整方向，提高学习效率。学习目标为我们衡量学习活动的成效提供了标尺。

◂▸ 学习目标制定的方法

列一列。列出所设想的各种学习目标，初步分析其实现的可能性，划掉不切实际、不可能达到的目标，缩小备选范围。

量一量。结合自己的学业基础条件和外部条件，从行业发展动向、专业发展目标对学习者的知识、技能、综合素养、证书等各个方面的要求，衡量初步确定的学习目标是不是符合社会发展需求和自我发展需求，从而进一步审视发展目标。

比一比。在衡量所得结果的基础上，对各个备选目标进行比较、排序，确定最优方案，挑选最符合本人学业基础、发展条件、最有激励作用的学习目标。

◆ 学习目标制定的原则

SMART 原则是目标管理中的一种重要方法。该原则能有效地使人的行为与目标的制定和控制以达到最好的工作绩效。学习目标的制定按照 SMART 原则，就是指学习目标必须是具体的（specific）、可衡量的（measurable）、可达到的（attainable）、具有相关性的（relevant）、有时间限制的（time-bound）。这五个方面缺一不可，具体内涵如表 4-2-1。

表 4-2-1　SMART 原则

要素	备注
具体的（specific）	目标制定一定要明确且具体，不能模棱两可
可衡量的（measurable）	不能量化的目标没办法进行后期追踪、考核或评估
可达到的（attainable）	目标应该在能力范围内且有一定难度
具有相关性的（relevant）	与现实生活相关
有时间限制的（time-bound）	设置一个完成期限，可将目标分解成几个小的目标并设置对应的完成时间节点，以便进行进度的监控

职场活动亭 »

读一读

1. 请阅读"职场启迪堂"的故事，并说一说。

（1）有目标的人和没有目标的人 25 年后的人生际遇有什么区别？

（2）有清晰目标的人和有模糊目标的人25年后的人生际遇又有什么区别？

（3）为什么会有这些区别？这些区别是怎样产生的？从中猜猜目标究竟是怎样影响一个人的生活和发展的？

玩一玩

1. 主题：握拳。

2. 准备：任务纸条、计时器。

3. 规则：

（1）全班分成若干小组，每个小组选一个计时员，负责计时。

（2）任务开始前，计时员先抽取任务条。

（3）计时员负责计时，其他成员根据任务条上的内容依次完成相应的规定动作。

（4）一共5个任务，完成时间共计5分钟，除有特别时间要求的任务以外，其余任务可自行安排时间。5分钟时间到，游戏即结束。

4. 流程：

（1）组内选出计时员，其他同学作为体验者，请体验者握拳。（S）

（2）计时员负责计时，其他同学作为体验者，请体验者在一分钟内握拳，标准的握拳动作是：用力握紧，松开，为一次。（M）

（3）计时员负责计时，其他同学作为体验者，请体验者在一分钟内握拳350次，标准的握拳动作是：用力握紧，松开，为一次。请体验者将握拳次数记录下来。（A）

（4）计时员负责计时，其他同学作为体验者，请体验者在一分钟内握拳130次，但在握拳之前把下面的这段话背诵下来。（R）

看庭前花开花落荣辱不惊，望天上云卷云舒去留无意。能够学会用一颗平常的心去对待周围的一切，也是一种境界！

（5）计时员负责计时，其他同学作为体验者，握拳350次，标准的握拳动作是：用力握紧，松开，为一次。请体验同学将握拳次数记录下来。（T）

说一说

1. 在执行任务中发现目标任务本身有什么问题吗？你的疑虑在哪里？

2. 目标任务可以怎么改进更合理？为什么？

任务参考

做一做

1. 请阅读"职场加油站"SMART 原则。

2. 请修改完善并全班研讨选出一个符合 SMART 原则的握拳目标任务。

3. 老师为计时员，全体同学作为体验者，按照新制定的握拳目标任务再次体验。

任务参考

写一写

1. 请将职高三年想实现的学习目标全部写在纸上，想写什么就写什么，尽可能详尽，不要有任何的束缚，暂时不管它能不能实现。

_____

_____

2. 请根据个人学业基础条件、行业发展动向、专业发展目标对学习者的知识、技能、综合素养、证书等各个方面的要求，初步分析其实现的可能性。划掉不符合专业发展、不切个人实际的目标，留下最想要实现、最应该实现且经过自己努力可以达到的目标。

_____

_____

3. 请对剩下的目标进行比较、排序，挑选最符合本人学业基础、发展条件、最有激励作用的学习目标。

_____

_____

判一判

1. 请运用制定学习目标的方法和 SMART 原则，判断以下三位同学的目标制定是否准确，并给出合理化的建议。

（1）甲同学的目标是争取在职高三年里当一个好学生。

甲同学目标存在的问题是 _____；

你的建议是 _____。

（2）乙同学的学业目标是职高三年每学年都考年级第一，每年都拿奖学金。乙同学目标存在的问题是 _____；

你的建议是 _____。

（3）丙同学的专业技能目标是争取每天把技能练熟，考取相关证书。

丙同学目标存在的问题是 _____；

你的建议是 _____。

2. 运用 SMART 原则，判断自己在前面环节列出来的学习目标是否科学可行？可以怎样修改完善？

_____

_____

填一填

1. 请阅读"职场放松屋"的故事，判断三本田一成功的秘密是什么。从中你发现要让目标更能实现，还有什么小窍门。

2. 请运用这个小窍门，完成"职场通关廊"的目标制定，制定出具体、可行、具有激励作用的三年学习目标。

·> 三本田一成功的秘密

1984 年，在东京国际马拉松邀请赛中，名不见经传的日本选手山本田一出人意外地夺得了世界冠军。当记者问他怎么取得如此惊人的成绩时，他说了这么一句话："凭智慧战胜对手。"

当时，许多人都认为这个偶然跑到前面的矮个子选手是在故弄玄虚。马拉松赛是体力和耐力的运动，只要身体素质好又有耐性就有望夺冠，爆发力和速度都还在其次，说用智慧取胜确实有点勉强。

两年后，意大利国际马拉松邀请赛在意大利北部城市米兰举行，山本田一代表日本参加比赛。这一次，他又获得了世界冠军。记者再次请他谈谈经验。山本田一性情木讷，不善言谈，回答的仍是上次那句话："用智慧战胜对手。"这回记者在报纸上没再挖苦他，但对他所谓的智慧迷惑不解。

10 年后，这个谜终于被解开了。他的自传中曾这样写到："每次比赛之前，我都要乘车把比赛的线路仔细地看一遍，并把沿途比较醒目的标志画下来。比如，第一个标志是银行；第二个标志是一棵大树；第三个标志是一座红房子，这样一直画到赛程的终点。比赛开始后，我就以百米的速度奋力地向第一个目标冲去，等到达第一个目标后，我又以同样的速度向第二个目标冲去。40 多公里的赛程，就被我分解成这么几个小目标轻松地跑完了。起初，我并不懂这样的道理，我把我的目标定在 40 多公里外终点线上的那面旗帜上，结果我跑到十几公里时就疲惫不堪了，我被前面那段遥远的路程给吓倒了。"

——摘编自张冬梅：《别迷失了人生目标》，载《健康（生活）》，2013（02）。

人生目标的达成，不是一蹴而就的，而是像上楼梯一样，一步一个台阶。一个人只要在掌握实现目标的原则和方法的基础上，学会把大目标分解为多个易于实现的小目标，向着目标脚踏实地的迈进，才能实现自己的人生梦想！

职场通关廊 ≫

运用制定学习目标的原则和方法窍门，让上一个专题"规划学习树"的内容更具体可行吧。

表 4-2-2　规划学习表

规划时段	规划内容	具体目标
高一 上学期	知识目标	
	专业技能目标	
	综合素养目标	
高一 下学期	知识目标	
	专业技能目标	
	综合素养目标	
	证书目标	
高二 上学期	知识目标	
	专业技能目标	
	综合素养目标	
	证书目标	
高二 下学期	知识目标	
	专业技能目标	
	综合素养目标	
	证书目标	

续表

规划时段	规划内容	具体目标
高三 上学期	知识目标	
	专业技能目标	
	综合素养目标	
	证书目标	
	社会实践目标	
高三 下学期	知识目标	
	专业技能目标	
	综合素养目标	
	证书目标	
	社会实践目标	
	学历目标	

职场心·愿树 >>

•> 时光邮局　写给未来的自己

　　亲爱的 ＿＿＿＿＿＿ 同学，给10年后的自己写一封信吧！把它投递到时光邮局。我相信未来的你，一定会感谢今天如此努力的自己！

职场拾贝苑 >>

亲爱的同学，请将你在本节课学习、活动中的收获、体会和成长记录下来吧！

收获：_____

_____

体会：_____

_____

成长：_____

_____

职场启迪堂 >>

一个小男孩特别喜欢吃鱼。这天他在外面散步，走到了河塘边。他看着鱼儿在水中欢快地游来游去。

他幻想着鱼儿到手后的场景：一盘盘的红烧鱼、水煮鱼摆在了餐桌上……想着想着，他忍不住垂涎三尺，沉浸在了自己的幻想中……

很快，到了晚上，鱼儿还在水中欢快地游着。

而这个小男孩的肚子仍然空空如也。

咕～

一个小男孩特别喜欢吃鱼。这天，他在外面散步，走到了河塘边。他看着鱼儿在水中欢快地游来游去，幻想着鱼儿到手后的场景：一盘盘的红烧鱼、水煮鱼摆在了餐桌上……想着想着，他忍不住垂涎三尺，沉浸在了自己的幻想中……很快，到了晚上，鱼儿还在水中欢快地游着，而这个小男孩的肚子仍然空空如也。

——根据成语"临渊羡鱼"编写

临渊羡鱼，不如退而结网，意思是站在水边想得到鱼，不如回家去结网捕鱼。比喻只期望得到而不将期望付诸行动。这一典故告诫人们，在目标与措施之间，有明确的目标固然重要，但如果没有实现目标的必要措施，那么目标将是空幻而不切实际的。

职场加油站 »

• 学习措施的含义

学习措施是指针对设定的学习目标，依据当前的学习阶段、学习内容、学习状态，有计划、有步骤地制定出实现学习目标的处理办法。

• 制定学习措施的意义

制定学习措施，是构建学习目标到现实的第一步。要实现目标，就必须制定详尽可行的发展措施。没有具体措施的学习目标，只是一个无法成真的美梦。我们要想实现自己的学习目标，就必须制定相应的学习措施。

具体、详尽、可操作的学习措施是实现近期学习目标乃至长远目标的重要保证。在学习发展中，一个具体详尽可操作的学习措施，对于实现每个阶段的学习目标非常关键。特别是在校期间的学习措施的制定尤为重要，它不仅关系着近期学习目标的实现，还关系到以后的各阶段目标能否顺利实现。

• 学习措施的要素

学习措施作为具体的处理办法，其制定应包括以下三大部分：时间跨度（在什么时间范围）、手段方法（以哪些方法完成）、完成标准（完成什么事项）。时间跨度、手段方法、完成标准三个要素缺一不可、相辅相成。

制定学习措施的原则

学习措施的制定，应该遵循三大原则：具体性、可行性和针对性。具体性是指在制定学习措施时，要充分贴合自己的专业情况、学习能力、学习状态，并且要做到清晰、明确，不模糊、不泛泛而谈；可行性是指在制定学习措施时，要符合自身发展条件和外部发展环境，操作性较强；针对性是指在制定学习措施时，措施要明确指向具体的学习目标而制定，而且还需要针对本人和目标之间存在着的差距，制定专门的处理办法。

职场活动亭 ＞＞

想一想

阅读"职场启迪堂"中"临渊羡鱼"的故事。想一想故事中的年轻人有目标吗？他的目标为什么没有实现？这个故事给我们带来了什么样的启示？

看一看

1. 在网络上搜索"苍蝇一分钟的生命"（动画短片）。

（1）苍蝇的目标是 _____。

（2）苍蝇为了达成这些目标采取了哪些措施？

（3）在整个过程中，如果苍蝇缺少了任何一个环节，它的目标还能实现吗？

2. 阅读"职场放松屋"的"一万小时定律"，分享你的感受。

3. "事虽小，不为不成，路虽近，不行不到。"通过"苍蝇一分钟的生命"和"一万小时定律"，结合当前的学习，你认为制定学习措施对学习目标的实现和未来的发展有怎样的意义？

找一找

某中职学校旅游类专业的小叶同学准备利用寒假的时间提高自己的英语口语表达能力，为此，他为自己制定了如下的学习措施。

（1）把《旅游英语》所有句型背诵完，并做到在提到任一旅游场景能脱口而出；

（2）每天背诵20个旅游英语单词，并能够默写出来；

（3）学习借鉴别人的英语文章，能够独立地撰写一篇家乡景点的英语导游词，用语规范。

1. 请结合"职场加油站"制定学习措施要素，找出小叶的学习目标和学习措施的要素，完成下表的填写。

学习目标	
时间跨度	
方法手段	
完成标准	

2. 请阅读"职场加油站"制定学习措施的原则，并运用这三个原则帮助小叶同学评判其学习措施，提出合理化的建议。

判一判

请结合"职场加油站"，运用制定学习措施的要素和原则知识，完成案例的辨析，帮助下面四位同学制定恰当的学习措施。

1. 市场营销专业小李：开学摸底考试的语文成绩是70分；目标是在期中考试中语文考上90分。为此，小李为自己制定了如下的学习措施：多背书、多朗读、多做题。

①你认为小李的学习措施是否恰当？（　　　　）

②小李的学习措施存在的问题是（　　　　　　　　　　）

③你认为小李的学习措施应如何改进？

_____

2. 烹饪专业的小明给自己制定了技能比赛时拿下学校"刀工王"称号的目标。他给自己制定了如下的学习措施：每天必须练习刀工 12 小时。

①小明的学习措施是否恰当？（　　　）

②小明的学习措施存在的问题是（　　　　　　　　　　）

③你认为小明的学习措施应如何改进？

_____

3. 会计专业的小敏给自己设定的学习中长期目标是升学，考上理想的大学。

她给自己设定了如下的学习措施：文化课认真学习；认真背诵专业课知识；认真练习会计专业技能。

①小敏的学习措施是否恰当？（　　　）

②小敏的学习措施，存在的问题是（　　　　　　　　　）

③你认为小敏的学习措施应如何改进？

_____

4. 汽车运用与维修专业的小刚为自己设定了实习期进入大型 4S 店的目标。他给自己设定了如下的学习措施：了解目标 4S 店汽车品牌及不同车型特性。

①小刚的学习措施是否完善？（　　　）

②小刚的学习措施，存在的问题是（　　　　　　　　　）

③你认为小刚的学习措施还可以如何改进？

_____

试一试

请去"职场通关廊"根据自己制定的三年学习目标，运用学习措施的要素和原则，为自己制定切实可行的学习措施，实现自己的理想。

评一评

1. 请以小组为单位，运用本节课学习的知识，对小组其他成员的学习措施进行评价，并提出合理化的修改意见。（分值为 1~10，10 为最佳。）

表 4-3-1　学习措施评价表

学习措施阶段	评价项目	分值	修改意见
高一阶段 学习发展措施	具体性		
	可操作性		
	针对性		
	总评		
高二阶段 学习发展措施	具体性		
	可操作性		
	针对性		
	总评		
高三阶段 学习发展措施	具体性		
	可操作性		
	针对性		
	总评		

2. 请根据小组成员的评价和建议，对自己制定的学习措施方案进一步完善，形成切实可行的行动方案。

说一说

请交流分享在制定学习措施的过程中的经验、心得和感受。

职场放松屋

➔ 一万小时定律

一万小时定律是作家格拉德威尔在《异类》一书中指出的定律。"人们眼中的天才之所以卓越非凡，并非天资超人一等，而是付出了持续不断的努力。一万小时的锤炼是任何人从平凡变成世界级大师的必要条件。"他将此称为"一万小时定律"。

因此，按照这种说法，要成为某个领域的专家，需要一万小时的量的积累。按比例计算，如果每天工作八小时，一周工作五天，那么成为一个领域的专家至少需要五年。这就是一万小时定律。

一万小时定律在本质上，其实就是马克思主义唯物辩证法中的量变和质变的辩证关系原理。量变积累到一定程度上，可以引起质变。

《荀子·修身》："道虽迩，不行不至；事虽小，不为不成。"意思是说，即便很短的一段路程，如果不去走，那也不会到达终点；看似很小的事情，你不去做便不能成功。对中职生而言，也是如此。制定了非常棒的学习目标，如果没有实际行动，一切将无从谈起。可能采取了行动后，短时间内并没有太多的变化，但是相信时间的力量，相信积少成多，未来一定可期。

职场通关廊

请结合自身实际，运用学习措施的要素和原则，为自己制定一份中职三年的学习措施。

目标阶段		时间跨度	手段方法	完成标准
高一阶段目标	上学期			
	下学期			
高二阶段目标	上学期			
	下学期			
高三阶段目标	上学期			
	下学期			

职场心·愿树 ≫

现实是此岸，理想是彼岸，中间隔着湍急的河流，行动则是架在河上的桥梁。

——［俄］伊凡·克雷洛夫

"书山有路勤为径，学海无涯苦作舟。"亲爱的同学，路就在你我的脚下，希望就在前方，努力将自己制定的学习措施，保质保量、踏踏实实地落实吧！

请收集一些名言警句，激励自己。制定好学习措施并将之践行！

_____

_____

_____

_____

_____

职场拾贝苑 »

亲爱的同学，请将你在本节课学习、活动中的收获、体会和成长记录下来吧！

收获：_____

_____

体会：_____

_____

成长：_____

_____

职场启迪堂 》》

今天水比平时少，是走得太快，水洒出来了？

加个盖子！

一段时间后……

水又变少了？是因为木桶盖子出了问题？

重新制作桶盖

桶里的水还是一样少！

原来是桶的侧面
有一条裂缝。

修补木桶

深山中有一座古刹。古刹里有一老一小两个和尚，老和尚年事已高，负责打扫卫生，小和尚负责每天到山下挑水。一天，小和尚像往常一样，下山打水。等他回到寺庙时，他发现水比平时少了很多。他思索了一阵，猜想可能是因为今天比较心急，走得太快了，水洒出来了。第二天，小和尚担着水慢慢地从河边走回寺庙。果然，这次水桶里的水比平时多了不少。可是，他发现慢慢地走回来太浪费时间。小和尚想了一会儿，决定给桶加个盖子。这之后，小和尚就能快速走回寺庙，也不用担心桶里的水洒出来了。可是，一段时间后，小和尚又发现自己桶里的水变少了。他猜测，可能是因为水桶的盖子有破损。于是，他将破损的盖子补上了。第二天，水还是和昨天一样。他固执地认为，肯定是水桶盖子出了问题。于是，他想了很多办法。比如，用更好的木头来制作桶盖，把桶盖加高、加厚，让桶盖和市桶更加贴合等。即便这样，桶里的水仍然会变少。小和尚感到十分苦恼，左思右想也没能解决问题。有一次打水回到寺院的时候，他无意之间回头看了下，结果发现地上有一条水迹。他这才发现，市桶的侧面有一条裂缝，水正从裂缝里潺潺地流出来。小和尚赶紧回去将市桶修补好，堵住裂缝。第二天桶里的水，又和之前一样多了。

——原创案例

小和尚之所以能保证自己担水的效率，正是他不断反思、总结，及时发现影响自己打水的因素，并及时调整优化的结果。同样，在学习过程中，外部环境变化、学习习惯的改变等因素也会影响一个人的学业。为保证学业良好发展，就要善于去发现这些影响因素，并根据因素的变化，对自己的学习目标和措施进行评估和调整。

职场加油站 ≫

◆ 学习规划评估与调整的含义

学习规划评估主要是指对学习规划的实施进行定性和定量的检测、督促、评判的行为。它主要是根据学习条件的变化，再剖析、再审视、再调整学习目标和学习措施的行为。学习规划评估与调整，就其内容来说，包括分析与评价目前学习状态、阶段学习目标的修正、实施措施与行动计划的变更等。其主要思路如图 4-4-1 所示。

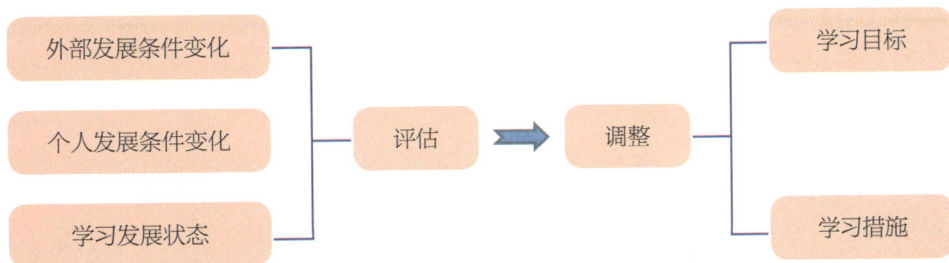

图 4-4-1　学习规划的评估与调整

❯ 学习规划评估与调整的意义

能够有条不紊地应对环境发展条件变化。 我们处在一个日新月异、瞬息万变的社会。尤其是互联网、大数据等的广泛应用，使得我们未来从事的行业要求、职业需求等多方面都在发生着巨大的变化。这就需要合理地对自身学习状态、个人发展条件变化、外部发展条件变化进行评估和调整，提高自己的适应能力。

能够顺利应对自身发展条件变化。 中职生处于彰显个性的青春期，其心理状态、行为习惯、知识技能、职业价值取向等都会随着自身的成长发生一定的变化。这些变化会影响到学习目标的制定及学习规划的完成情况，从而影响学习目标的实现。因此，适时的评估和调整，能使学习规划更能适应我们自身的变化，从而提高学业规划的针对性。

总的来说，学习规划评估与调整就是通过对以往的成长经验的反思，审视自身情况的变化与学习目标的达成情况，主动适应外部和个人条件的变化。

❯ 学习规划评估与调整的方法

学习规划评估与调整需要根据主客观情况变化，对自己所制定的学习规划的目标、措施进行评价和估量，并进行相应的修正和调整，以更好地实现规划目标。评估与调整应跟上时代形势与变化，关注自己的薄弱环节，抓住专业学习和发展的核心内容，找到突破方向，使自己的学习规划能够适应新的环境、新的形势和新的要求。

学习规划评估与调整的方法主要有以下几个方面。

重新剖析自身发展条件。 重新剖析自身发展条件就是要对自己的自身发展条件变化进行重新审视，着重剖析个人的心理状态、学习习惯、知识、技能、阅历、职业价值取向等因素的变化。

学习目标修正。 根据自身实际，结合学习现状，通过找差距的方式，修正学习目标，使目标更实在、更务实，充分发挥目标的指引作用。找差距包括两类，第一类是学习目标太高，与自身差距过大，调低目标；第二类是学习目标低于自身目前发展状况，调高目标。

学习措施修订。根据修正后的各阶段学习目标，应及时调整和制定新的学习措施。同时，也应反思原学习规划中学习措施的针对性、具体性和可操作性，审视原规划中学习措施的落实情况，制定出切合实际的学习措施。

职场活动亭 >>

读一读

阅读"职场启迪堂"故事，并说一说。

1. 该故事给你的启示是什么？

2. 借鉴下图的分析思路，分析小和尚是如何解决水变少的问题。

目标：将水从河边挑到寺庙

评估	水比往常少了
分析	走得太快，水洒出来
调整	慢慢地从河边走回寺庙
结果	水和往常一样多了

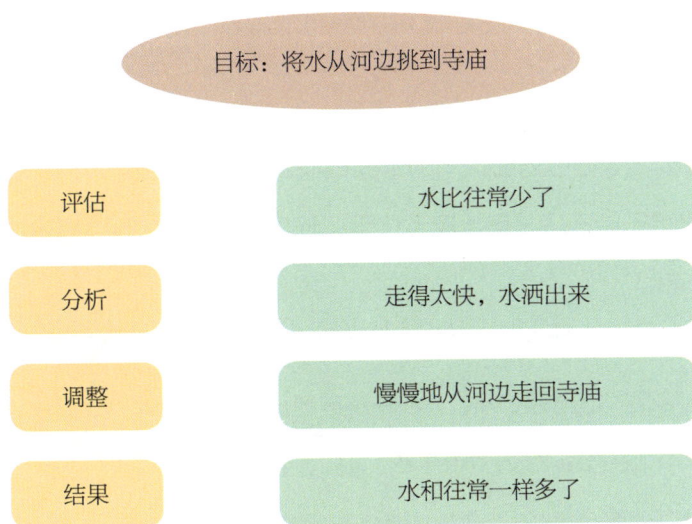

3. 请借鉴上述分析思路，说一说学习规划的评估和调整思路是什么？请到加油站找一找，看与你的想法是否一致。

辩一辩

观点一：小明说："学习规划制定出来后，只需向着学习目标努力就好，不需要进行评估与调整。"

观点二：小李说："因为外界条件和自身情况不断变化，所以学习目标和学习措施要不断地进行评估和调整。"

1. 你赞同哪个观点？为什么？

2. 请到加油站找一找学习规划评估与调整的意义，看看你的回答是否正确？

玩一玩

▶ 万花筒

1. 活动项目：混合团体比赛。

2. 活动时间：自定义。

3. 活动规则：

（1）所有的参赛者务必记住以下的7条口诀：牵牛花1瓣围成圈；杜鹃花2瓣好作伴；山茶花3瓣结兄弟；马兰花4瓣手拉手；野梅花5瓣力气大；茉莉花6瓣好亲热；水仙花7瓣是一家。

（2）参加的同学随意站立在已画好的圈内，游戏开始，主持人击鼓念口诀。

（3）主持人喊到"山茶花"时，场内参赛者迅速围成3个人的圈；喊到"茉莉花"时，迅速围成6个人的圈；喊到"牵牛花"时，只需1个人独自站好即可。

（4）凡是没有能够与他人结成圈，或者数字错误的，都被淘汰出局，到最后剩余为5人左右时，游戏即停止。这些剩余的人即是胜利者。

4. 活动要求：

（1）反应敏捷，动作迅速，听清活动主持人的口令，并根据口令及时调整自己的位置。

（2）活动人数建议30～50人。

议一议

1. 请胜利者分享自己成功的秘诀，或请失败者分析自己失败的原因。

2. 请分享自己在游戏过程中，做了哪些调整？为什么要这样去做？

3. 一个人的成功往往都是通过不断评估和调整才能实现。请结合自己在游戏中的做法和借鉴他人的做法，想一想学习规划的评估和调整又有哪些方法呢？

判一判

请以小组为单位，回答下列问题：

1. 某职业学校高一年级学生小慧的阶段学习进行了评估与调整（见表4-4-1）。小慧的评估与调整是否恰当？为什么？

表4-4-1 小慧的阶段学习目标评估与调整

预期目标	实施结果	评估差距	分析原因	目标修正	措施修正
1. 英语期中考试在80分以上 2. 英语期末考试在90分以上	期中考试英语40分	与预期目标相差40分	1. 初中英语基础较为薄弱，目标定得太高 2. 学习态度还不够认真。	根据自己英语成绩基础较薄弱的现实，将期末考试英语考试成绩调整为60分以上。	制订学习计划，邀请父母、老师、同学对自己进行监督，落实每天、每周的学习任务。

2. 某职业学校高一年级计算机专业学生小周的阶段学习进行了评估与调整（见表4-4-2）。小周的评估与调整是否恰当？为什么？

表4-4-2 小周的阶段学习目标评估与调整

预期目标	实施结果	评估差距	分析原因	目标修正	措施修正
五笔录入成绩： 1. 期中成绩：30字/分钟以上 2. 期末成绩：40字/分钟以上	期中测试的成绩为42字/分钟	期中成绩已经超过期末的目标。	小周对五笔录入比较感兴趣，练习较多。	期末成绩调整为60字/分钟以上。	1. 利用课余时间加强练习 2. 每周与好朋友小刘开展一次录入竞赛。

思一思

活动准备：一段轻柔的音乐。

活动内容：轻轻闭上眼睛，在老师提示下思考"学习规划五问"：我有明确的学习目标吗？根据我的自身发展条件和环境发展条件，我的学习目标完善吗？我的学习目标有相应的实施规划吗？根据目前的自身情况和专业未来发展，我的学习规划合适吗？如果未来发生变化，我有能力应对这些变化吗？

活动分享：结合"职场放松屋"内容，分享所思、所想、所悟。

试一试

请运用本课所学知识，完成"职场通关廊"表格的填写，适时对自己的学习措施进行评估和调整，同时不要忘记请小伙伴帮助给出建议哦。

职场放松屋 》》

学而不已，阖棺而止。——孔子

吾生也有涯，而知也无涯。——庄子

书到用时方恨少，事非经过不知难。——陆游

纸上得来终觉浅，绝知此事要躬行。——陆游

穷则变，变则通，通则久。——《周易·系辞下》

兵无常势，水无常形，能因敌变化而取胜者，谓之神。——《孙子兵法·虚实篇》

随着互联网时代的到来，我们的专业、未来所从事的职业或者行业，都会发生的巨大的变化。面对时代的变化与发展，我们应该要保持终身学习的理念，永远怀着一颗学习的心，不断评估和调整自己，以"不断"的学习，应对"万变"的世界。

职场通关廊 ≫

1. 请根据自身实际，运用学习规划评估与调整的方法对自己学习规划（学习目标和学习措施方案）进行评估和调整，制定出恰当的修正措施，完善自己的学习规划。

阶段目标 （预期目标）	实施结果	评估差距	分析原因	修正目标和措施

2. 以小组为单位，运用学习规划评估与调整要点的知识，对小组成员学习规划进行评估，并给出合理化意见或建议。自己再根据小组成员建议和自我判断，对学习规划进行适度地调整。

原有规划	同学建议	老师评价	目标修正	措施调整
高一年级规划				
高二年级规划				
高三年级规划				

职场心·愿树 ≫

亲爱的同学，通过以上内容的学习，相信你对学习规划评估与调整已经有了一定的认识。在以后的学习、工作、生活中，你还能更加深刻地感受到评估与调整的意义。所以，未来遇到各种条件变化不要着急，积极应对，适时调整，相信你一定能够拥抱灿烂的明天。

写一段话，给自己加加油，打打气。

_____

_____

_____

_____

_____

职场拾贝苑 »

亲爱的同学，请将你在本节课学习、活动中的收获、体会和成长记录下来吧！

收获：_____

_____

体会：_____

_____

成长：_____

_____